与最聪明的人共同进化

HERE COMES EVERYBODY

CHEERS

“活在当下”指南

WAKING UP

[加]萨姆·哈里斯（Sam Harris）著　　俞立颖 朱静姝 译

中国纺织出版社有限公司

你了解你心智的运作方式吗？

扫码鉴别正版图书
获取您的专属福利

- 萨姆·哈里斯，与理查德·道金斯、克里斯托弗·希钦斯、丹尼尔·丹尼特并称为“新无神论四骑士”，并且是四人中最年轻的一位。这是真的吗？（ ）

  A. 真

  B. 假

扫码获取全部测试题及答案，看看你的心智维度。

- 你的朋友做了一场全麻手术。术后，他跟前来探病的你说，他在手术中途就醒了，但因为完全动不了，所以没办法告诉医生和护士，只能任由手术继续。这可能发生吗？（ ）

  A. 可能

  B. 不可能

- 如果有人将《蒙娜丽莎》的画像展示给你的左眼，与此同时，将白云蓝天的风景照展示给你的右眼，你会看到什么？（ ）

  A. 两张图片叠加，其中一张更明显

  B. 两张图片叠加，清晰程度相当

  C. 两张图片随机切换出现

  D. 两张图片平行出现

目录

CONTENTS

第 1 章

心智的力量

Waking Up

Chapter 1

很多年前，我在科罗拉多山参加了一个为期 23 天的野外项目。如果把参与者暴露在危险的闪电和密密麻麻的蚊虫中就是这个项目的目的，那么它第一天就成功了。头几天，大家不情不愿地在山里徒步了几百公里，随后，开始了所谓的独行仪式：我们被要求独自坐在俊美的高山湖畔前，不吃不喝，静观三天。

那时候，我刚满 16 岁。那是我从记事以来第一次体验到真正的独处。从结果来看，独处对于当时的我就是个十足的挑战。睡一个长觉，看一眼湖水，那个自以为前途无量的年轻人很快就被孤独和无聊打败。我没能像即将出山的自然学家、哲学家或神秘学家一样，在日记里写下我的伟大见解，而是列出了一连串美味佳肴，想着一回到人间就要大吃特吃。人类数百万年的进化在我身上没有激发出任何超然体验，只是催生出了对芝士汉堡和巧克力奶昔的馋。

在纯净的微风中与星光下，不受打扰地静坐三天，思考自己的存在之谜，这对当时的我来说是一种绝对的痛苦。那时，我并不知道，我自己就是那痛苦的制造者。我写给家人的信件里满是哀号和自怜，完全不输给士兵从惨烈战役中寄回的家书。

心智启示

当所有物质上的乐趣和消遣都不可获得时，一个人怎么能变得更快乐呢？

我有几位比我大十来岁的同伴，他们对这三天的独处给予了极为正面的评价，甚至用“洗心革面”来形容。这让我大吃一惊，我完全不知道他们体验到的快乐是什么。当所有物质上的乐趣和消遣都不可获得时，一个人怎么能变得更快乐呢？在那个年纪，我自身心智的属性尚未激起我的兴趣。我感兴趣的只有我的生活，而对于改变心智会给生活带来多大的影响，我还全然无知。

在那次痛苦独处的几年之后，1987 年的冬天，我经历了一段非同寻常的体验，它深刻地改变了我对人类心智潜力的认知。那时，我差几个月就满 20 岁了。我和一位挚友在室内，坐在沙发的两端轻声交谈着。当时，屋里就我们两个人，谁也没喝酒。

然而，就在那寻常的一切中，我忽然真正意识到，我非常在乎我的朋友。这本来并非什么值得大惊小怪的事，毕竟，他可是我最好的朋友。但那个年纪的我以前从没细想过，我有多在乎我生命中遇见的人，而这迟来的自觉也给了我一个伦理上的启示，那就是“我希望他幸福”。如今，它在纸上看起来格外稀松平常，但那时，它无疑彻底改变了我。

那份信念的力量如此强大，冲垮了我内在的某些东西。它重构了我的心智。我种种的嫉妒之情忽然消失得无影无踪。在那一刻，我不会嫉妒，就像我不会想要自戳双目一样。如果我的朋友比我好看，比我更擅长体育，我有什么好忧虑的呢？如果我可以把这些天赋都给他，我一定会那么做，因为当我真心希望他幸福的时候，他所有的幸福也就都成了我的幸福。

这一认知超过了我以往所有的认知。毫不夸张地说，那是我人生中第一次感到真正的清醒。这份意识层面的改变来得如此简单直接，前一秒我在和朋友闲聊，后一秒就发现我再也不会囿于自我。焦虑忧心、自我批判、争强好胜、胆怯刻薄、思前想后，通通停止了。我不再有任何区分我与他的念头，也不再透过另一个人的眼光去看自己。

随后的洞见，不可逆转地改变了我对美好人生的认知。我意识到自己对这位朋友的爱是无边无际的，也意识到，如果一个陌生人此时走进房间，他也会全然笼罩在这爱里。最底层的爱是无关个体的，它比任何个体经验都要深。交易式的爱在那一刻看来完全是荒谬的，爱并不需要任何理由。

值得深思的是，这一观念的全然转变并不是因为我的感受有了任何变化，我并没有感受到一种全新的爱排山倒海向我袭来。整个过程更像几何证明：当我窥见一组平行线的性质时，也就突然明白了所有平行线的共性。

当我重新开始讲话时，我发现这个关于普世之爱的顿悟竟然能够轻易传达给我的朋友。他瞬间就明白了，而我所做的仅仅是问他："如果此刻出现一个陌生人，你会有什么感觉？"就这样，在他的心里，同一扇门也打开了。很显然，爱、同理心、为他人之乐而乐，是可以无限蔓延的。我们体验到的，不是爱的增长，而是它不再隐匿而晦涩。爱，是一种存在状态。我们怎么会从来没注意到这一点？从今以后，我们又怎么可能再忽视它？

我花了很多年才真正理解这段经历，在它的背后是一个真谛：心智是我们的全部。我们唯一拥有过的，只有心智。我们真正能给予他人的，也只有心智。一个人可能难以意识到这一点，尤其是当他生活的其他层面仍待改善时，例如有尚待实现的人生目标、尚待解决的职业困境或者尚待修复的人际关系。但这就是真相：人类所有的经验都由心智塑造。每一段关系是好是坏，都取决于心智如何参与。如果你常常感到愤怒、抑郁、困惑、孤单，或总是心不在焉，那么无论你多么成功，无论身边有谁相伴，你都无法感到满足。

大部分人可以轻松地列出自己想要达成的目标或亟待解决的个人问题。但是，它们真正的意义何在呢？粉刷房子、学习一门新语言、找到一份更好的工作……我们想要完成的每件事都在向我们承诺，一旦做完了它，我们就可以放松下来，享受当下的生活了。大部分情况下，这都是一种虚假的希望。我并不否认，达成个人志向、维持身体健康、让孩子衣食无忧，都是重要的。

心智是我们的全部。
我们唯一拥有过的，
只有心智。
我们真正能给予他人的，
也只有心智。

Our minds are all we have.
They are all we have ever had.
And they are all
we can offer others.

然而，大部分人终其一生追寻幸福与平安，却从未意识到，这寻寻觅觅背后的真正目的是什么。其实，每个人都在寻找一条回到“当下”的路：我们竭尽全力，只为找到可以让我们“此刻”就能满足的理由。

一旦意识到这才是人生的框架，我们的活法就不一样了。我们关注当下的方式很大程度上决定了我们的经验，从而决定了我们的生活质量。这句话智者已经说了几千年，如今，越来越多的科学研究也在提供佐证。

在本书中，我将以现代人对人类心智的理解为基础，围绕如何锻炼心智，讨论一些经典的现象、概念和实践。

多年以来，我都旗帜鲜明地批评迷信，这里我就不再重申了。我希望自己在这方面的长期努力，足够让疑虑深重的读者也相信，在心智锻炼这个新领域，我的探测器非常精准。或许以下声明能让你再放一个心：“本书中所说的一切，不需要你不假思索地接受。”尽管我关注的是主观世界，但我所有的观点，你都大可放到自己的生活实验室里一测真伪，我的目标其实也正在于此。

试图为科学与心智锻炼搭建桥梁的作者容易犯两类错误。

一方面，有些科学人士对心智锻炼的理想结果，即自我超越体验的认识颇为贫瘠，认为它不过是日常心理状态，如父母之爱、艺术灵感、对夜空之美的敬畏之情，再加上溢美之词罢了。但按照这一思路，爱因斯坦对人类能够理解自然法则的惊叹，也会沦为一种神秘洞见。

另一方面，有些非科学人士又走上另一个极端：他们将自我超越体验过度理想化，并似是而非地把主观体验和物理学领域“耸人听闻”的前沿理论联系起来。他们说，有古人早已预言了现代宇宙学和量子物理学，而只要超越小我，一个人就能与创生宇宙的“一体意识”合二为一。

结果，我们就只能在两种虚假中选其一。

科学事实与内在智慧之间其实是有联系的。尽管我们在心智锻炼中获得的领悟并不能让我们知晓宇宙的起源，但它们却足以证实人类心智的一些真相，比如：人们习以为常的“自我”是一种幻觉；积极的情绪，如同情心和耐心，都是可以习得的；人们的思维方式直接影响了他们对世界的体验。

如今已有大量文献阐述心智锻炼在心理层面的益处。训练自己的心智专注于当下，可以在专注力、情绪、认知、痛觉等层面产生持久改变，而这些改变又与大脑在结构和功能上的改变息息相关。这一研究领域在飞速进步，而人们对自我觉察以及相关心理现象的理解也随之提升。有了最新的神经成像技术，在科学语境下检验超越体验不再是障碍重重之事。

心智锻炼必须与信仰区分开，因为一个人无论信仰什么或什么都不信仰，都会拥有同样的心智体验，都可以体验到超越自我的爱与幸福。不同的信仰常常会对这类心智状态做出解释，但这些解释在逻辑上又是互不相容的。因此，一定有某种更深层次的原理在起作用。

那个更深层次的原理是：我们称为“我”的感受是一种幻觉。

在大脑的迷宫中，并没有一个单独存在的自我。我们总感觉自我真的存在——在眼睛背后，高居着一个“我”，向外看着外部世界。然而这种感觉是可以转化甚至完全消除的。无论从科学还是哲学的角度来看，这都代表了对万物本质的更清晰的认识。深化这个认识，反复穿透自我的幻象，就是本书的主旨所在。

人，或许生而痛苦、充满困惑，却也从未远离过智慧与幸福。在人类经验的图景里，已然蕴含着有关意识本质的洞见。这些经验必须运用神经科学、心理学及其他相关领域的知识来理解。

本书既是一个寻觅者的回忆录，又是一份大脑介绍手册，更是一本教你如何“活在当下”的操作指南。我无心描述各门各派的方法，分析利弊、权衡优劣。我的做法是披沙拣金。要做到这点，一个人必须保持诚实，用最为坚定的科学怀疑态度去审视，绝不向迷信卑躬屈膝。我并不会提供非常全面的阐述。对于某些读者，此举可能会显得有些傲慢，然而其背后是一种急切的渴望。一本书，乃至一段生命，给人阐明要点的时间都太有限。就像一篇关于现代武器的论文不会回溯到符咒，也极有可能忽略弹弓和飞去来器，我将专注于我认为心智探索中最具前景的部分。

希望我的个人经验能够帮助读者以一种全新的视角看待自己的心智。在日常生活中，人们常常缺乏理性对待心智领域的方式。本书的目的就是让读者清晰地看到问题所在，并提供一些工具，协助人们找到答案。

为什么大多数人不快乐

人类的心智中，蕴含着只有极少数人才得以发现的广阔天地，而这些人与众不同的关键就在于注意力。

当我们购物、八卦、争吵或自怨自艾时，我们的注意力无疑在经历着某种丢脸的退化。我个人的经验是：在我醒着的大部分时间里，我都只是在精神恍惚地活着，而通过心智锻炼，我知道另一种可能性是存在的。人是有可能从自我的主宰中解脱出来、自由生活的，哪怕只是一小会儿。

绝大多数文化背景下的人都发现了同一件事：对注意力的某种刻意使用能够改变个体对世界的认知。他们的努力，往往始于一个领悟：即使在最佳的环境下，快乐也是难以掌控的。我们在视觉、听觉、味觉、触觉和情绪上寻求愉悦感；我们探索未知，以满足自己的好奇心；我们让自己处于朋友与爱人的包围中；我们享受艺术和美食。然而，我们的快乐本质上是稍纵即逝的。即使我们获得职业上的巨大成功，令人迷醉的成就感也只能持续一个小时、一天，然后就会衰退。于是，我们继续寻找。我们必须不断努力，才能赶走无聊和其他不快，分分秒秒，不得停歇。

心智启示

在不断重复的趋乐避苦之外，有没有另一种形式的快乐？有没有一种快乐，无关物质上、情感上、智识上的享受和对未来的期许？在任何事发生之前，在欲望满足之前，我们有可能快乐吗，哪怕生活中充满艰辛，哪怕我们正在经历疼痛、衰老、疾病或死亡？

无常的变化，无法提供恒久的满足。意识到这一点后，许多人开始思考是否存在一种更深层次的快乐。在不断重复的趋乐避苦之外，有没有另一种形式的快乐？有没有一种快乐，无关物质上、情感上、智识上的享受和对未来的期许？在任何事发生之前，在欲望满足之前，我们有可能快乐吗，哪怕生活中充满艰辛，哪怕我们正在经历疼痛、衰老、疾病或死亡？

我们所有人都在某种程度上活出了我们对上述问题的答案。

绝大多数人是照着“不可能”这个答案来活的。没有什么比重复快乐体验和避免痛苦体验更重要。没有什么比不断寻求满足感更重要。只管一直踩油门，直到彻底失控吧！

但有些人却开始怀疑人生不止于此。他们开始进行各种注意力训练，由此细细检查自己的人生经验，从中寻求更深层次的幸福。有人甚至会经年累月地将自己隔绝于世。一个人为什么会做出这样的举动？人们的确有很多逃离现实世界的理由，其中一些从心理学上讲是不健康的。但在智者看来，这些训练其实都是一个非常简单的实验。其中的逻辑是：如果存在一种心理上的幸福感，不依赖于欲望的满足，那么即使所有日常的快乐之源都被剥夺，它也会留存。当一个人拒绝与爱人长相厮守，放弃事业和物质财富，独自一人走入山洞，或是进入其他对常人而言难以忍受的环境时，这种幸福也依然存在。

要想知道这种经验对大多数人来说有多么恐怖，可以想想“关禁闭”。关禁闭是监狱里的一种额外惩罚。大多数人认为，哪怕是被迫与杀人犯和强奸犯关在一起，也好过被单独关在一个房间里。然而，又有人声称，独自度过漫长时光让他们体会到了美妙卓绝的幸福感。我们要如何解释这种现象呢？要么这些人都产生了幻觉或是蓄意欺骗，要么人们早就有了令人解放的洞见，只是千百年来，它们都被冠以“灵性”或“神秘”之名。

与许多无信仰者不同，我花了大量时间探索这类经验。虽然我在第一次独处练习时感到无比痛苦，但之后我主动跟许多人学习请教，其中一些人隐居了数十年。在这个过程中，我也花了两年的时间独处静思，有时连续一周，有时连续三个月，一天12 ～ 18 个小时，也尝试了不同的技巧。

我可以肯定的是，如果一个人用几个星期或几个月的时间什么都不做，不说话、不阅读、不写作，仅仅是在每个当下不断观察自己的意识内容，那么，没有做过类似练习的人会很难理解他所体验到的。我相信，这种心智体验会告诉人们许多关于意识本质以及幸福人生的真相。历代心智锻炼者发现的一个事实是：在我们与自己喋喋不休的对话之外，存在另一种可能；在我们被下一个跳进脑海的想法驱使之外，也有另一种可能。一旦瞥见了那个可能性，自我的幻象就烟消云散了。

自我超越和伦理之间是存在关联的。并不是每一种良好的感觉都合乎伦理，某些病态的狂喜显然是存在的。但是，也有许多令人愉悦的心智体验，其内在是合乎伦理的。在某些意识状态下，"无边无际的爱"并不是一个夸张的描述。如果一个人明早醒来，感受到对一切有情众生的无边之爱，却只能从铁器时代的信仰或是"新纪元运动"[①]的狂热崇拜者中获得认同感，对于世俗理性派，就太可惜了。

① 20 世纪 70 年代在西方国家兴起的一次思想文化运动，无正式的界定，主要涉及传统与主流元素的融合、宗教与科学的融合。——编者注

绝大多数人知道如何维持人际关系、合理使用时间、保证身体健康、减掉多余脂肪、学习有用技能，也会解决生活中的种种谜题。但所有人都面临一大难题，那就是如何实现幸福，纵使最一帆风顺的人也不例外。如果你最好的朋友问你，如何才能过得更好，你或许可以提供很多有用的意见，但你自己很可能都没有那么做过。从某种层面上来说，智慧不过就是知行合一的能力。然而，关于我们的心智，有更深刻的事实值得探寻。在整个人类历史中，它们一直被虚妄和迷信所掩盖。

从我们第一次呼吸起，我们就开始追寻幸福，而我们的需求和欲望又在与日俱增。跟小孩子玩，你会发现他们总是心思飘忽、阴晴不定。随着我们年纪渐长，我们的笑和泪也许不再那么毫无由来，但同样的过程总在发生：想法和情绪如同海浪翻涌，前赴后继。

无论我们使用的措辞如何，寻找幸福、维持幸福、守护幸福，是每个人都要投入其中的伟大课题。但这并不是说人们只追求愉悦感，或只想要最轻松的人生。有许多事情需要人们付出极大的努力才能完成，而不少人也享受奋斗的过程。优秀的运动员都知道，痛苦也可能转化成极度的快感。例如，举重时肌肉产生的烧灼感如果来自某种不治之症，会让人倍感煎熬；但当这种感觉意味着健康和好身材时，大部分人就会非常享受。从中，我们可以看到，认知和情绪是相互关联的。我们如何看待经验，会决定我们对它的感受。

我们常常面临矛盾和妥协。我们时而渴望兴奋，时而又想要休息。我们喜欢酒和巧克力，但很少拿它们当早餐。无论在什么情况下，我们的心智总是转个不停，通常是趋向快乐（或是想象中的快乐之源），远离痛苦。

正是这种在苦与乐之间的挣扎催生出了绝大多数的文化。医学试图为我们延年益寿，减少由疾病、衰老和死亡带来的痛苦；媒体可以满足我们对资讯和娱乐的“饥渴”；政治和经济制度则竭力确保我们和平协作，而当它们未能达到目的时，警察和军队又被派上场。在生存之外，人类的心智发明了文明这一巨型机器，用来规范其自身。我们始终在创造、修补着一个世界，一个我们的心智愿意栖居其中的世界。但是，失败天然占据上风。在各个领域，错误答案远远多于正确答案，而打破某种东西似乎永远比修复它更加容易。

尽管世界是美丽的，人类也取得了伟大的成就，但我们却很难不担心，混乱的力量会大获全胜，不仅是最终的胜利，而且是每时每刻的胜利。我们的快乐本质上是易逝的，不管获得它的过程是艰难还是轻松。快乐在升起的瞬间，就已开始衰弱，只能被新的欲望或不适感替代。你会狼吞虎咽你最喜欢的食物，直到你突然发现自己的肚皮撑得快要“炸”了，需要去医院，然而，根据某种奇怪的物理学，你居然还吃得下一份甜点。甜点带来的愉悦感持续了几秒钟，接下来口腔里残留的味道就必须用杯清水冲淡。温暖的阳光照在皮肤上让你感觉十分美好，但很快就变得“过于美好”，挪到阴凉地去就好多了，但不到一两分钟后，你又觉得风吹着有点儿凉。车里有毛衣吗？去看看。噢，太好了，有一件毛衣。现在你感觉暖和了。不过，这件毛衣好像有些旧了。它会让你看起来不修边幅吧？或许该去逛逛街，买点儿新衣服了。故事就这样继续下去……

纵观生活，我们似乎只是在想要和不想要之间蹒跚而行。疑问自然而然也随之而来：生活还有别的可能吗？我们能否在日常的感受之外，拥有更好的感受呢？我们能否在无力遁逃的变化之外，找到长久的满足感？

当你开始觉得这些问题的答案很可能是肯定的，你的心智就开始转变了。之后你会发现，不问缘由地感到轻松自在是有可能的，而这种轻松自在就源自超越自我的种种束缚。从未经历过这种感受的人总会相当怀疑这些描述的真实性。然而事实是，无我的幸福在任何一个当下都是可见的。我并没有体会过所有非凡的心智状态，但我的确遇见过对此一无所知的人，而这些人也往往宣称自己对锻炼心智毫无兴趣。这也在情理之中。因为自我超越的现象过去通常只在信仰语境里得到探讨，这些经验又反过来增强人们的信仰。这形成了一种过滤机制：有信仰的人用无我体验来支持古老的教条，而没体验过的人则因此有了更多理由拒绝信仰。

这对我在本书中的论述构成了挑战，因为许多读者可能不知道我描述的心智状态到底是什么，他们对我的主张只能盲信。而另一些读者则会面临另一种挑战：他们可能会认为自己完全知道我在描述什么，但仅限于我的话与其信仰中碰巧相似的部分。在我看来，这两种态度都是巨大的障碍，会导致他们无法以我所意指的方式理解心智。我衷心希望，无论你的背景如何，你都能以开放的心态来对待本书中提供的所有练习。

最后再提醒一句：我在本书里的全部论述，绝不排斥对于心理健康至关重要的"自我感"，以及这个模糊的概念所包含的一切能力。孩子需要自主、自信和自知才能建立良好的关系；他们也必须习得一系列认知、情绪和人际交往技能，才能成为理智而有创造力的成年人。注意：某些患有精神疾病的人，如精神分裂症患者，可能不适合做本书中所推荐的一些练习。有些读者可能也会发现，较长时间的静默让他们的心态变得更加不稳定。这就像运动：并非每个人都适合 6 分钟跑 1 英里[①]，或者仰卧推举跟自己一样重的杠铃，但许多普通人能通过锻炼做到，而锻炼又讲究因人而异；更重要的是，哪怕是对于因疾病和受伤而能力受限的人，健身的基本原理依然是普遍适用的。

所以，我想声明，本书中的所有教导都只适用于心智（大致）成熟，且未患有会因独处静思、专注当下而恶化的心理或生理疾病的读者。如果观察呼吸、身体、念头、意识的本质让你产生强烈的不适，请在继续练习前咨询你的医生。

---

① 1 英里约为 1.6 公里。——编者注

如何摆脱不满足的常态

受苦可能并非人生固有的特征，但不满足却是。

此时此刻，我坐在曼哈顿中心的一家咖啡店里，一边喝着我想喝的（咖啡），吃着我想吃的（一块曲奇），一边做着我想做的事（写这本书）。这是一个静美的秋日，街上熙熙攘攘，每个人看上去浑身上下都在散发着好运。有几个人的外表太有魅力了，让我怀疑如今的修图软件是不是可以直接应用于人体。而这条街两头的商店里，出售着只有不到1%的人才能买得起的珠宝、艺术品和服饰。

那么，"不满足"到底指的是什么呢？它的对象仅仅是贫穷和饥饿的人吗？还是说，这些富有而美貌的人也对人生感到不满？显然，"不满足"无处不在——即使是在一切似乎都顺风顺水的此时此地。

我们来看看最显而易见的：我所在的几个街区之外就有医院、康复中心、精神病诊所，以及其他用来缓解或安放人类深重痛苦的空间。一个男人在倒车的时候碾过了自己的孩子；一个女人在新婚前夜得知自己处于癌症晚期。我们知道，坏事可以在任何时候发生在任何人身上，而不少人会花费大量精力祈祷坏事不要降临到自己身上。

我们还可以发现更多难以觉察的不满足，即使是在看上去完全没理由不满的人中。因为尽管财富和名望可以带来许多形式的愉悦感，但它们并不能为幸福打包票。任何看电视或读报纸的人都见过电影明星、政治家、运动员和其他名人经历一场又一场的婚姻，出现一条又一条的丑闻。一个年轻、有魅力又天赋异禀的成功人士染上毒瘾或被诊断为抑郁症，也并不是什么稀罕事。

心智启示

当你早上醒来时，你会充满喜悦吗？当你工作时，或是对着镜子时，你又是什么感觉呢？对于你现有的成就，你有多满意？你和家人在一起的时间，有多少是充满爱和感恩的，又有多少只是假装快乐地相互陪伴呢？

但优越生活中的不满足还不止于此。尽管我们的生活环境相对安全，突发状况只是少数，但大部分人每天依然会感受到各种各样的痛苦情绪。当你早上醒来时，你会充满喜悦吗？当你工作时，或是对着镜子时，你又是什么感觉呢？对于你现有的成就，你有多满意？你和家人在一起的时间，有多少是充满爱和感恩的，又有多少只是假装快乐地相互陪伴呢？即使对于特别幸运的人，生活也是艰难的。当我们去追问为何如此的时候，我们会发现，每个人其实都是自己思想的囚徒。

别忘了，还有死亡，打败所有人的死亡。大部分人似乎相信，要理解死亡，只有两种方式：要么感到害怕并且尽全力忽视它，要么拒绝承认死亡是结局。第一种策略会让一个人度过分心不断的平凡人生，只会为了愉悦和成功而奋斗，尽最大努力将死亡抛之脑后。第二种策略则是信仰的领地，它告诉人们死亡不过是通往另一个世界的大门，而生命中最重要的机遇会在寿终之时到来。然而，我们还有第三条路可以走，这也是唯一能让人在智识层面保持诚实的路径。这条路，就是本书的主题。

要摆脱不满足的常态，我们必须认识到：永远只有当下。这听起来很老套，却是事实。从神经科学的角度来说，它并不完全正确，因为我们的心智建立在许多层的输入之上，而这些输入不是同时发生的。[①] 但从意识体验的角度来说，它却真实不虚。我们的生命只有当下。意识到这一点，就会带来自由和解放。如果你想要在这世上过得幸福，没有什么比了解这个事实更加重要的了。

但生活中，我们大都忘记了这个真相，忽视它、逃避它、否定它。可怕的是，我们成功了。我们成功地避免了“体验快乐”，又不断为“变得快乐”而奋斗，满足一个又一个的欲望，消除恐惧，抓紧愉悦，逃避痛苦，并不断思考怎么样才能让这一切持续运转。结果却是，我们活得越来越不满足。人总是直到失去才懂得珍惜。我们渴望拥有美好的体验、丰富的物质条件、亲密的人

① 想想用手指触摸鼻子的感受。我们体验到的是手和鼻子的感受同时发生，但我们知道在大脑层面并非如此。神经冲动从鼻子传导到大脑，要比从手指传导到大脑快得多，无论你的鼻子有多长，手有多短。大脑纠正这种不协调的方式，是暂时将输入信息储存在记忆里，然后将结果同步发送到意识中。由此，我们对这个时刻的体验，事实上是分层记忆的产物。

际关系，却在得到之后渐渐厌烦。然而这种渴望仍在持续。我也有过类似经历。

要解决这种窘境，我们必须提升自己的心智层次。有些方式颇为有效，而且它们完全不需要我们接受任何未经验证的假设。

对于初学者，我通常会推荐“内观”[①]，这也是一种已被当今心理学家和神经科学家广泛研究与应用的心智锻炼法。在内观中培养出的心智状态，常常被称为“专念”或“正念”。关于专念有何心理益处的研究文献，如今可谓浩如烟海。专念并不玄妙，专念就是清晰地、不带评判地、不受干扰地专注在意识的内容上，无论这内容是令人快乐还是令人痛苦的。研究发现，培养这种心智状态，可以减少疼痛、焦虑和抑郁，提高认知能力，甚至改变大脑中与学习、记忆、情绪管理、自我认知相关的灰质层。我们将会在后文中更具体地讨论专念的神经生理学效应。[②]

专念即清晰的觉知。其根基源于以下方面：身体（呼吸、姿势变化、活动），感受（快乐、痛苦或中性感觉），心智（主要是情绪和态度），以及心智的对象（五感和其他心理状态，如坚

---

① 内观源自佛教。其一大优势在于，指导者可以用纯粹世俗的方式来传授它。虽然美国和欧洲的绝大部分内观中心也会传授相关的佛教哲学，然而，这一向内探索的技巧完全可以放到纯世俗、纯科学的语境中。

② 为方便阅览及搜索，正文中所有相关参考文献均制成电子版。查看全书最后的“本书阅读资料包”页，扫描下方二维码，即可获取参考文献。——编者注

我们的生命只有当下。
意识到这一点，
就会带来自由和解放。

The reality of your life is always now.
And to realize this,
we will see,
is liberating.

毅、平静、狂喜、沉着，甚至专念本身）。换言之，个体的全部经验都可以作为其专念的对象。专念训练能教人专注、坚定、清醒、不被外界的贪婪和悲伤所左右。

专念本身并不消极。我们甚至可以说它表达了一种特殊的热情，每时每刻都去辨识什么才是主观真相的热情。这是一种认知模式，它的核心是专注、接纳，以及根本上的非概念性。专念并不是让我们更清楚地思考我们的体验，而是让我们更加清晰地去体验，包括体验想法本身如何产生。专念是清晰地察觉我们头脑和身体中正在发生的一切，思想、感受、情绪，而不去趋乐避苦。从世俗的角度来看，这种技巧的最大优势之一，就是它不需要练习者接受任何文化和信仰，它只要求练习者近距离观察每时每刻体验的流变。

而专念，或者说任何心智锻炼的最大敌人，就是我们根深蒂固的容易受各种想法干扰的习性。思考本身并不是问题，意识不到自己正在思考才是。进一步讲，各种各样的想法其实恰恰可以作为专念练习的极佳对象。然而在练习初期，接二连三升起的念头往往是出于注意力不集中。很多人以为自己在专注于当下，其实只是在闭上眼睛胡思乱想罢了。通过练习专念，一个人可以从妄想编织的梦境中觉醒过来，观察到每一个升起的图像、想法和语言碎片都烟消云散、不留痕迹。剩下的只有意识本身，随之而来的所见、所闻、所感、所思无时无刻不在浮现与变迁。

当一个人刚开始训练的时候，普通经验和专念的差别并不明显，他需要借由训练才能区分出自己是完全迷失在思考里，还是在清晰地察觉想法的本质。学习专注于当下和学习其他任何技能一样。我们都需要上千次的重复练习，才能打出一记好拳、弹出一首吉他曲。通过练习，专念会变成一种随时专注的好习惯，而它与普通思维状态之间的差距也会越来越明显。最终，你会开始觉得，你就像反反复复从梦中醒来，发现自己安然无恙地躺在床上。无论梦有多么可怕，你都能瞬间从中解脱。然而，要保持觉醒超过几秒，并不容易。

我的朋友约瑟夫·戈德斯坦（Joseph Goldstein）是我知道的最好的专念老师之一。他对意识状态的转化有这样一个比喻：你沉浸在电影情节中无法自拔，然后你忽然意识到，你只是坐在影院里，看着墙上的光影转动罢了。这时，你的感知并没有变，但它的魔力却瓦解了。大部分人在醒着的每一刻都迷失在生活这场电影中，他们被表象操纵，直到看清在这魅惑之外存在另一种选择。需要再次强调的是，我所描述的这种差别并非指获得有关现实本质的全新概念或者树立新的信仰。当我们在一个念头升起前，全然体验到当下时，这种转变自然而然就发生了。

专念就是让人在滚滚洪流中获得沉静的练习。它让我们在每个当下，只是去觉察体验本身，无论它愉快与否。这看似会让人变得冷漠，实则不然。我们完全可以一边努力奋斗，让世界变得更美好，一边又专注于当下，并与当下握手言和。

思考本身并不是问题，
意识不到自己正在思考
才是问题。

The problem is not thoughts
themselves
but the state of thinking
without knowing that we are thinking.

专念训练描述起来非常简单，练习起来却没那么容易。要真正精通此道，或许需要天赋和终身的投入，但由此实现世界观的彻底转变，却是大多数人可以企及的目标。练习是通往成功的唯一道路。接下来，你将会读到简单的专念训练指导，它们就像走钢丝的教程一样，我猜后者一定会这样写：

1. 找到一条能够承受你重量的水平钢丝。
2. 站在一端。
3. 一只脚站在另一只脚前面，往前走。
4. 重复。
5. 别掉下去。

毫无疑问，第二步到第五步容不得半点儿差错。不过，你不必成为大师就能收获专念训练的益处。每一次我们迷失在思绪里，都如同从钢丝上“掉下去”。再次强调，问题并不是思绪本身，而是在于思考时并未清醒地意识到自己正在思考。

下文就是专念训练的方法。开始练习后，你会很快发现，分心是人类心智的常态：绝大多数人每秒钟都在“掉下钢丝”，时而沉醉在快乐中，时而一头栽进恐惧、愤怒、仇恨和其他负面情绪的深渊里。专念训练是让我们觉醒的技法。我们的目标是从妄想的出神状态中抽离出来，停止下意识地趋乐避苦，由此享受免于担忧、像天空一样广阔的心智，无须费力即可觉察当下体验的流动。

专念训练

① 找一个舒服的地方坐下，挺直脊背，坐在椅子上，或盘腿坐在垫子上。

② 闭上眼睛，深呼吸几次，感受你的身体和椅子或垫子的接触点。观察与坐有关的感觉，压力、温度、痒、震动等。

③ 渐渐把注意力放到你呼吸的过程上，放在你最能感觉到呼吸的部位上，无论是鼻腔，还是腹腔。

④ 将你的注意力保持在呼吸上，不用刻意控制呼吸，自然呼吸就好。

⑤ 每当你走神的时候，温柔地把注意力带回到呼吸上来。

⑥ 当你专注于呼吸的过程时，你也会感知到声音、体感以及情绪。当它们在意识中升起时，只要觉察就好，然后再把注意力带回到呼吸上来。

⑦ 当你意识到你已经迷失在思考中时，就把那一刻的念头当成你的观察对象。然后让你的注意力再次回到呼吸上，或是下一刻出现的声音和体感上。

⑧ 继续，直到你可以做到全身心地观察所有的意识对象——图像、声音、体感、情绪以及念头本身，看着它们升起、变化和消散。

大部分初学者会觉得听语音引导更有帮助。你可以通过网络找到不同时长的引导语。

提升心智，掌控人生

心智锻炼的终极目标是什么？

在本书中，我不会支持任何魔幻或奇迹的说法。然而我可以说的是，心智锻炼的真正目标，比大多数人所认识到的更深刻，并且，它确实包含许多难以捉摸的美妙体验。丢掉作为孤立个体的幻觉，体验无边无际的、开放的觉察，感受到与宇宙的合一，是大有可能的。这揭示了人类意识中存在的诸多可能性，但它和宇宙本身的奥秘无关，也并不能揭示心智和物质的关系。人们可以爱人如己的事实，应当被当成心理学上的重大发现；它不能推导出“爱”是种能量，以某种形式弥漫在宇宙中，那是陈旧的、形而上学的观念，是个人经验无法证实的。然而，我们完全可以根据超越自我之爱这一现象，提出对人类心智的一些合理观点。这一特定经验已有确凿证明，也不难实现。投身于心智锻炼，如专念训练的人都认同存在超越之爱。如今，这类事实必须用理性来理解。

心智锻炼的传统目标，是达到一种不受干扰的愉悦状态，或者即使被干扰，也能轻松回到这个状态中。有人曾将这种快乐描述为：“在极为健康的心智里，升起深深的繁盛感。”通过心智锻炼，你会发现，你早已拥有这样充盈的心智，而这一发现也会帮助你避免做出会对自己和他人造成困惑和痛苦的事。然而，大多数人穷其一生都无法达到全然不受干扰的喜乐状态。因此，合理的目标是，让心智变得越来越健康，即让我们的心智朝着正确的方向发展。

想方设法让自己变得快乐，并不是稀罕事，而且，一个根本不锻炼心智的人也的确能够在有限的范围内活得很快乐。但通常情况下，这种快乐的来源是靠不住的，都有赖于不断变化的外在条件。培育一个幸福的家庭，让自己和所爱的人保持健康，获取财富并享受财富，与人建立深刻的友谊，为社会做贡献并从中获得情感回报，不断精进自己的艺术、体育和知识技能，这些都相当不易。而要日复一日让生产快乐的机器不断运转，同样困难。通过以上方式获得满足，并没有任何错。但如果你认真观察，你会发现有什么事不太对劲：这些形式的快乐还不够好，它们带来的满足感并不长久，而生活仍旧充满压力。

那么，一个通过心智锻炼而成为“高人”的人与普通人有什么分别呢？至少，他不会再受到特定的认知和情绪幻象的折磨。最重要的是，他不再觉得他的思想等同于他自己。再次强调，并不是说这样的人就不再思考了，而是说，他不再屈从于思考带给大多数人的主要困惑，换言之，他不再觉得存在一个内在自我，在思考着所有的想法。这样的人会天然保持开放、平静的心智状态，而绝大多数人即使练习多年，也只能短暂体验这种状态。对于是否有人能够永远维持这种状态，我持不可知论，但我从自己的直接经验中知道，比自己日常状态更加开放和平静，是完全有可能的。

至于它是否是一个永恒状态，我们大可不必纠结过多。重点在于，你可以通过锻炼心智瞥见意识的某种本质，进而从当下之苦中立刻解脱。一旦意识到你的心理状态并非永恒，你的生活就会发生彻底转变。你所拥有过的每一种心理状态都曾升起，而后逝去。这是个体主观经验层面的事实，也是每个人都可以确认的事实。我们不必了解更多关于大脑的知识，也无须知晓物质与意识的关系，就可以理解心智的真相。了解关于心智的真相是大有裨益的。我们想要更快乐、想要让世界变得更美好，需要的不是更多误导人的幻觉，而是对事物的本来面貌有更清晰的认知。

一旦我们意识到获得心智洞见以及心智能够被锻炼的可能性，我们就必须承认，在从无知到聪慧的范围内，人们会自然分布在不同的位置。这个范围的大部分都被当作是“正常”的，但正常并不一定就让人满意，比如奥林匹克运动员就异于常人。正如一个人的身体状况和能力可以得到改善，一个人的心智也可以在天赋和训练的基础上得到深化和拓展。这几乎是不证自明的，却依然饱受争议。在追求体力和智力提升的过程中，没有人会质疑天赋和训练的存在和重要性；我也从未听人否认过，有的人就是更强壮、更适合做运动员，或者更有学识。但人们却很难承认，他们在心智状态上也呈光谱式分布，而在这条光谱上游移的方法，亦有高下之别。

心智发展要经历不同阶段，是无可避免的。正如身体必须经发育才能成熟，心智也是逐步发展的。一个人如果没有掌握足够基础技能，就无法学习三段论推理、代数、反讽等高级技巧。在我看来，一个人只有在物质、心理、社会、伦理层面都充分成熟之后，才可能开启更高层次的心智状态。一个人必须在学会语言之后，才能创造性地运用语言，进而理解语言的局限性。同样，一个人首先要形成大众意义上的自我，才可能开始探索自我，进而理解它外表之下的实质。而带着高度的注意力，清晰地、不带情绪地、不借用语言地观察自己的意识，察觉到不存在一个内在自我，是一项极为复杂的技能。但人们可以从幼年起就开始简单的专念练习。许多人，包括我妻子在内，都成功地把专念教给过只有6岁的小孩。也就是说，一个人从6岁起就能运用专念进行有效的自我控制和自我觉察。

千百年前，投入心智锻炼的人就认识到，最好把良好的心智习惯看作是绝大多数人在成长过程中没有学到位的技能。我们完全有可能变得比原始状态下的自己更加专注、耐心、和善。而要想在这个世界上活得快乐，是有很多事情要学的。西方心理学最近才开始探索这方面的真理。

有些人即使处在贫瘠或危险的环境中，仍然能感到满足，而有些人虽然属于世界上最幸运的群体，却活得很悲惨。这并不是说外部环境不重要，而是说，决定你生活品质的，是你的心智，而非环境本身。你的心智，是你一切经验的基础，也是你得以为他人生命做出贡献的根本。因此，你有理由好好锻炼它。

科学家和怀疑论者通常认为高级心智锻炼者的说法有夸张甚至欺骗的成分，所以在他们眼里，心智锻炼唯一的理性目的，不过是“减压”而已。相反，认真实践这些练习的人又会坚称，高级心智锻炼者所说的哪怕最荒诞不经的话都是正确的。我会尝试带领读者在这两个极端之间找到一条中间道路，让我们既能保持科学怀疑精神，又能正视心智彻底转变的可能性。

某种程度上，心智锻炼的终极目标的确就是“减压”，训练效果的大小取决于练习者减轻了多少压力。人们对现实的扭曲认知造成了许多不必要的痛苦。我们攫取转瞬即逝的快乐；我们怀念过去，担忧未来；我们不断支撑并捍卫着根本不存在的自我。这些都是压力。锻炼心智就是一个渐渐拨开迷雾，继而终结这些压力的过程。认清事物的本来面貌，我们就可以从日常的不满足中解脱，而我们的心智就能敞开，迎接意识本质中固有的幸福。

有人会说自己热爱压力，渴望在压力下生活，还有人甚至以向他人施压为乐。显然，人们给“幸福”这个词赋予了太多定义，而它们并不总是兼容。

在《道德的图景》（*The Moral Landscape*）里我曾写到，人们常常被关于幸福的不同观念搞得一头雾水，这是大可不必的。毫无疑问，有人的确能够通过对他人施加巨大的痛苦而获得精神上的愉悦，甚至是狂喜。但我们也知道，那种状态是异常的，至少是不可持续的。毕竟，在几乎所有事情上，人类都是相互依存的。无论掠夺伴随着多大的快乐，它们都不是在这世上获得快乐的可持续策略。鉴于我们的社会属性，我们明白，对人而言最深刻、最持久的幸福必然是在伦理上兼顾他人的，哪怕对方是纯粹的陌生人，否则暴力冲突将无法避免。我们也知道，即使在方方面面都是赢家的残忍掠夺者，也有某些形式的快乐是他无法获得的。而有些能给人带来愉悦感的情感本质上就是合乎伦理的，如爱、感恩、忠诚、怜悯。生活在这些心智状态下，就意味着与他人和谐相处。

心智锻炼的合理目标，并不是达到某种永恒的解脱，此后就再也不需要努力了，而是练就一种无论发生什么，都能在当下获得自由的能力。一旦你拥有这份能力，你就解决了你将在生命中遇到的绝大部分问题。

第 2 章

意识的迷思

Waking Up

Chapter 2

心智锻炼的基础，是探寻意识的本质，并通过刻意练习来转变意识的内容。然而，从科学的角度而言，意识是出了名的难以破解，甚至连下定义都很难。进一步讲，人们关于意识的诸多论战根本都没有一个共同话题作为立足点。本章会向你揭示为何意识对科学构成独特挑战，由此你会了解到，心智锻炼不仅关乎是否能够过好生活，它对于理解人类的心智也至关重要。

如果你变成一只蝙蝠

在意识研究领域最有影响力的一篇文章中，哲学家托马斯·内格尔（Thomas Nagel）请读者想象，作为蝙蝠是什么体验。他感兴趣的并不是蝙蝠，而是如何给“意识”下定义。内格尔说，“当且仅当一个有机体拥有了‘身为这个有机体的体验’，对这个有机体而言的体验时”，它才是有意识的。这句话或许能测量出你对哲学的兴趣有多大。你觉得它是惊为天人，还是不值一提，抑或令人费解呢？说内格尔的主张卓越或平庸都可以理解，但你无须对他的观点感到困惑。他只是请你想象你和一只蝙蝠互换了身体。如果换完之后，你还有哪怕一丁点儿的体验，无论多么难以描述，那就是意识，对蝙蝠而言的意识，反之，蝙蝠就是没有意识的。内格尔想要强调的是，不管意识和无意识在物质层面如何呈现，两者之间的本质差别在于主观体验。意识之光不是亮着，就是熄灭。①

但体验是一回事，人们不断增长的关于现实的科学认知又是另一回事。此刻，你非常清楚地知道自己正在阅读这本书，却对自己脑中数以兆记的神经突触的电化学反应毫无知觉。无论你多么了解物理、化学和生物，你都生活在别处。你，作为自己的体验，并不是一团原子、分子和细胞；你是意识和意识里不断变化的内容，穿梭在不同阶段，从睡到醒，从摇篮到坟墓。

而意识与物质世界的关系，仍然是未解之谜。我们有理由相信，意识涌现于如人脑等复杂系统的信息处理过程之上，因为我们发现宇宙中充满了像星星一样相对简单的结构，以及像核聚变一样相对简单的过程，它们都没有显现出意识的征兆。但直觉在这里或许并没有多少用。毕竟，如果太阳是有意识的，它会是什

---

① 某些哲学家和神经科学家可能想在这里喊声“停”。我同意丹尼尔·丹尼特（Daniel Dennett）对许多事情的看法，他曾经告诉我说，如果我不能找到“意识之光不是亮着，就是熄灭”这句话的错误，只能说明我还不够努力。然而，当两个人面对一个关于意识本体论的基本问题时，讨论往往最终变成无法调和的直觉分歧。尽管我的直觉告诉我，以上这句话不可能是错的，且我会用最大的努力去解构我的这一直觉，但某种程度上，一个人不得不承认，他有时并不能理解对方辩友到底在说什么。

么样子呢？也许还是和现在一模一样。难道你还指望太阳开口说话吗？然而，几乎没人会说，星球是有意识的，它们只是缄默不语；更大的可能是，它们根本没有意识。

无论意识和物质到底是什么关系，绝大多数人会同意，当复杂的有机体进化到某个节点时，意识似乎就涌现了。它的涌现并不依赖于物质的变化，因为你和我，蕨菜和火腿三明治，都是由同样的原子构成。意识的诞生一定是某种排列组合的结果：按照某种方式排列的原子产生了作为这团原子而存在的经验。这无疑是人类被赋予的最深刻、最值得沉思的奇迹。①

然而，我认同内格尔所强调的，意识的存在首先是主观的，因为意识就是主体性本身。一个东西从外部看是不是有意识的，并不重要。我碰巧认识一个人，他曾在一次全麻手术中忽然醒来。由于身体动不了，他无法让医生知道自己已经醒了，而且能够感觉到手术过程。往小了说，这很难受，因为医生正在更换他的肝脏。往大了说，这个例子能戳破很多站不住脚的哲学观点。花一点时间想想“麻醉中仍有知觉”这件事，你就不会坚称意识的重要组成部分是语言和行为了。

---

① 哪怕你是二元论者，相信大脑有意识仅仅是因为意识被注入了大脑，以上这句话依然（大部分）适用。二元论有许多的问题，但即使是一个二元论者也应该承认，意识似乎只和非常复杂的器官有关。无论一个人是否是二元主义者，他都没有足够的理由相信，身为番茄有某种体验。

因此，判断一个生物是否有意识，关键并不在于它的行为和语言能力，因为我们已经找到了没有意识却有行为和语言能力的例子，比如一个初级的机器人，同样，我们也可以找到有意识却没有语言和行为能力的人，比如锁闭综合征患者。当然，机器人很可能会变得有意识。如果意识仅仅是在处理信息的过程中就可以产生的，那么我们的手机和咖啡机也可能是有意识的。但很少有人可以想象，身为最先进的计算机是什么体验。

无论意识和信息处理是什么关系，意识始终是一个内在现实，它不能从外在去理解，也与行为或应激反应无关。如果你对此有怀疑，可以阅读《潜水钟与蝴蝶》。作者让－多米尼克·鲍比患有锁闭综合征，他用唯一可以眨动的左眼，指示护士写下了这本书。书中，他对自身病情的记录令人既惊异又心碎。再试着想想，如果他连左眼都不能眨了，他该会陷入怎样的困境。

对于意识的讨论，不再需要从意识是否存在开始，这是人类智识的一大进步。如果有人说，意识可能只是看上去存在而已，那么从他的内在视角而言，他已经完全承认意识的存在了，因为如果他能把任何事情看成任何样子，他就已经有意识了。就算此刻我只是装在桶里的一颗大脑，我所有的记忆都是假的，所有的认知都来自一个并不存在的世界，但我正在经历某种体验这一事实依然是无可辩驳的，至少对我而言如此。这就已经足够让我彻底承认意识的存在。毫无疑问，意识是宇宙中唯一不可能是幻觉的东西。

意识是宇宙中唯一
不可能是幻觉的东西。

Consciousness is
the one thing in this universe
that cannot be an illusion.

笛卡尔可能是第一个提出这一观点的西方哲学家，而之后的哲学家继续强调并深化了这种观点，这些学者中比较著名的是约翰·塞尔（John Searle）和大卫·查默斯（David Chalmers）。我并不认同笛卡尔的身心二元论，也不同意塞尔及查默斯关于意识本质的一些说法，但我同意，意识的主观实在性是首要且毋庸置疑的。这并不排斥意识其实就等于某些大脑进程的可能性。

然而，有些哲学家，比如丹尼尔·丹尼特[①]和保罗·丘奇兰德（Paul Churchland）完全不赞同这个说法。但我并不明白他们的理由。我并不认为意识仅仅是一种幻觉，这就让我无法理解为什么他们或者任何人竟会认为意识可能只是一种幻觉。我同意我们可能对意识的理解有重大错误，误解了它是如何产生的，它和大脑的关系，以及我们到底对什么东西有意识，何时开始有意识。但这并不足以说明意识本身可能是一种幻觉。这种对意识本质感到非常困惑的感受本身，正是对意识的证明。

随着对物质世界的深入了解，人们关于什么是“物质”的认知也得到了极大的拓展。一个充斥着力、场、真空波动以及现代物理学精微知识的世界，并不是常识里的物质世界。事实上，绝大多数现代人的常识还停留在 16 世纪的水平。大部分人也忘记了 20 世纪前半段的物理学先驱经常反对宇宙的“物质性”，

① 丹尼尔·丹尼特的全新力作《丹尼尔·丹尼特讲心智》带领读者探秘意识与心智，全书例子丰富而生动，是一本不容错过的大师级科普读物。该书于 2021 年 7 月由湛庐策划、天津科学技术出版社出版。——编者注

而将心智或思想或意识本身当成世界的真正起源。阿瑟·埃丁顿（Arthur Eddingon）、詹姆斯·金斯（James Jeans）、沃尔夫冈·泡利（Wolfgang Pauli）、沃纳·海森堡（Werner Heisenberg）、埃尔温·薛定谔（Erwin Schrödinger）等人就主张，意识不可还原于物质，但非还原论并没有产生持久影响。某种程度上，我们应该感激非还原论的式微，因为其中混杂了太多无稽之谈。比如，泡利很尊重卡尔·荣格，他效仿荣格，分析了至少 1300 个伟人的梦。尽管泡利是物理学巨擘，但他的“心智不可还原”论，与其说是受到量子力学的影响，不如说是借鉴了荣格天马行空的想象力。

20 世纪中期，神秘的光环渐渐消退。当物理学家开始埋头制造原子弹的时候，人们又回到了一个由物质构成的世界。科学和哲学的所有分支开始流行另一种论调，认为心智已经可以还原到“物质”层面。

这些发展注定给“新纪元运动”的拥趸带来很大的不便，前提是他们愿意屈尊了解一下物理学的进展。试图把精神世界和科学世界联系在一起的作者通常会寄希望于大众对“哥本哈根量子力学诠释”的误解，他们想借此说明意识对物质世界的形态起决定作用。他们认为，如果在被观测之前没有什么是真的，那么意识也就无法产生于高等动物大脑中的电化学反应，意识必然是现实的重要组成部分。然而，这并不是主流物理学的立场。的确，根据哥本哈根诠释，量子力学系统在被观测前的运动不符合经典力学原理，且在观测前，它似乎也同时处在多种状态中。然而，在原本的哥本哈根诠释中，什么才算是“观测”，从未得到清楚的定义。这个概念此后一直在改进，而它和意识毫无关联。这并不是说，量子力学的谜题得到了解答。一个量子力学现象如何变成经典物理世界里的桌子和椅子，这个问题也没能得到完全解决。但我们没有理由认为，意识在这个过程中扮演了不可或缺的角色。因此，把对精神世界的见解建立在对 20 世纪 30 年代物理学的误解之上的人注定要失望。我们终将看到，精神世界和科学世界的关联应该去别处寻。

我们都知道，人类的心智是大脑的产物。毫无疑问，你解码和领会这句话的能力，恰恰来自你脑中此时此刻的神经生理活动。然而，大部分的心智活动都发生在暗处，而为什么这个过程应当有意识的参与，依然是一个谜。如果把大脑当作物质系统来检查，我们会发现，没有任何相关信息可以表明它就是经验的所在。要不是我们自身充满了意识，我们在宇宙中根本找不到意识存在的证据，我们也无法理解因它而生的各种经验状态。此刻，你之为你，这一点只有你能直接体会。而这个事实本身，就是你拥有意识的唯一证明。

如果我们在物质世界找寻意识，我们只会发现复杂系统产生复杂行为，其中有可能有意识的参与，也可能没有。即使他人的行为让我们相信他们有意识，这也并不足以让我们在意识和物理事件之间建立直接联系。一个海星有意识吗？将海星的行为与人类的行为做对比，并不能促使我们解开这个问题。只有面对足够像人类的动物时，我们关于意识的直觉和对意识产生的归因才开始变得清晰。成为可卡犬会有某种体验吗？它能够感受到痛苦和快乐吗？它是可以的。我们怎么知道的？通过行为和类比。

一些科学家和哲学家形成了一个错误印象：否认较低等的动物有意识，会比承认它们有意识简便得多。我在其他地方也反驳过这个观点。例如，要否认猩猩有意识，就要承担举证责任，解释为什么猩猩和人类在基因、神经和行为上的相似性不足以成为它们有意识的证据。

无论我们想怎么解释意识的涌现，从生物学、功能学、神经计算学或其他视角，我们能达成的共识只有以下几点：首先，存在一个物质世界，它是无意识的，充满了各种未被感知的事物；其次，由于一些特殊的物质属性或进程，意识喷薄而出，或是缓慢成形。对我而言，这个观点不仅新奇，而且十分神秘，但这并不意味着它就不真实。然而，如果我们稍微在细节处多做思考，就会发现这种对意识如何涌现的观点，似乎仅仅是对一个奇迹的描述。

意识，或者说“宇宙由觉知点亮”的事实，正是无意识所不是的东西。我相信，任何关于无意识复杂性的描述都不能构成对意识的充分解释。简单地断言“意识产生于生命进化中的某个节点，产生于一个人头脑中不断放电的神经元的某种排列方式”，并不会让我们知道意识究竟是如何从无意识的过程中涌现的，哪怕只是泛泛推想也做不到。然而，这并不是说关于意识的其他理论就一定是正确的。意识很可能是无意识的信息处理过程的合理产物。但我不知道这句话究竟是什么意思，我觉得也没人知道。这个状况被形容为“解释的鸿沟”和“意识的硬难题”，事实也的确如此。

认为意识就等于或涌现于某些特定的无意识物理事件，是难以理喻的。这相当于说，我们可以想到我们正在思考，但我们可能是错的。我们说“意识涌现于无意识的信息过程”，我们也可以说“有一些方形圆得像圆形了”，以及“2+2=7”。但我们真的在认真思考自己说的这些事情吗？我并不这样认为。

一些哲学家认为心智和身体的关系只能通过既非物质也非精神的一些“中性”概念来描述。这个巧妙的思路来自威廉·詹姆斯和恩斯特·马赫（Ernst Mach）的“中立一元论”（借用卢梭的命名）。我非常同意这个观点。内格尔如是说：

> “这样的一个理论，究竟要通往哪里呢？当我们抵达目的地之后，它会彻底地揭示心智和物质的关系，并非直接地，而是通过揭示它们与二者皆非的第三者之间的共同关系。单纯的心智或物质的观点都无法达到这个目标。唯心论无法实现这个目标，因为它完全地排除了生理学，也没有给生理学留下任何空间。而唯物论也无法实现这个目标。因为哪怕它将心智所外

显的功能和行为考虑在内，在错误的还原论下，它也依然无法涵盖心智本身……困难在于，一个可以涵盖心智和物质的视角并不是二者的简单叠加。它必然是某种全新的东西，否则它就无法实现必要的整体性……这样的一个概念需要被创造出来；我们不会只是在某处发现它。科学史上所有成功的还原论都依赖于理论概念，而不是自然概念。理论概念的合理性，完全在于它们允许我们把毫无理性的相关性替换成抽象化的解释。目前为止，这样一个对身心关系问题的解释尚且难以想象，但它仍然是可能的。”

也有人认为意识可以被理解为物质世界的产物，却无法在概念上被还原为这些成因。还有一些人认为，非还原论的物质决定说本身就是自相矛盾的。

我赞同哲学家科林·麦金（Colin McGinn）和心理学家史蒂芬·平克①的说法，那就是：也许人类根本就无法理解意识的涌现。每一个解释链条都必须在某处结束，这个结束点往往是一个不证自明的原始事实。这样的解释法用于理解意识，可能行不通。

---

① 史蒂芬·平克所著的语言学经典著作《语言本能》以丰富深入的跨学科研究为基础，揭示了人类语言进化的奥秘。而其全新著作《当下的启蒙》则对当前世界与人类状况进行了全景式的评述。上述两书皆由湛庐策划、浙江人民出版社出版。——编者注

无论意识和物质世界的关系是什么，意识从概念上来说是无法还原的，任何去定义意识或它的近义词（知觉、觉察、主观性）的尝试都只会导致语义上的循环。在理解意识的问题上，一个最大的障碍可能在于：如果一个充分的、不会陷入循环的定义确实存在，那么还没有人发现它。这句话也适用于所有对我们的思维来说非常基本的概念，不信你可以试着用不会导致自相循环的方式去定义因果关系。因此，许多哲学家和科学家在讨论到意识的时候，就会改变主题，把它等同于注意力、自我认知、清醒度、应激反应，或是其他更有迹可循、并不这么底层的认知元素。这些跑偏的讨论大多不是故意的，也很少旨在对意识做出一个还原式的定义。而当人们真的试图用还原论解释意识时，例如分析论的行为主义，他们大都错误百出。

无论如何，科学在通过物质来理解意识这一课题上，远远称不上成功。科学家和哲学家就其所做的各种类比都是误导。比如，尽管可以用本身并无流动性的微观现象来描述流动性这一物理性质，但这个方法并不能用来解释意识是无意识世界里涌现的产物。我们可以轻松地明白，单个水分子不会是“流动的”，我们也可以轻松地明白，数亿个水分子自由地相互挤压在一个人手上就显得是“流动”的了。然而，难以理解的是，用它来类比意识怎么就让那么多人相信意识可以轻易被解释为信息处理过程呢？

一个解释要令人满意，至少得是明白易懂的。从这个角度看，对流动性的解释就是充分的，因为我们可以清楚理解分子的自由移动构成了物质的流动性。为什么我的手可以穿过液体的水而不能穿过一块岩石呢？因为水分子并没有紧紧结合在一起，密到足以阻挡我动作的程度。注意，这个解释就是完美的还原论：流动性除了水分子的自由运动，什么都不是。毫无疑问，为了让这个解释更充分，我们必须承认分子的存在，而一旦承认，这个问题就解决了。然而，没人能用这个思路来解释无意识过程如何足以成为意识的起源。任何试图从大脑活动的角度来理解意识的尝试，都仅仅是把一个人讲述某种体验的能力跟他脑中的某些状态关联起来而已。尽管这样的相关性构成了迷人的神经科学，但它却远不能解释意识的起源。

将来，人们肯定会造出一个机器人，它的表情、音调、思维灵敏度会让人们开始怀疑它是不是有意识。这个机器人自己甚至会坚称它有意识，还愿意参与到我们现在在人类身上做的各种实验中，让人们可以在它的应激反应与“大脑”变化之间找到相关性。然而，可以明确的是，单凭这类实验，人们永远不可能知道这个机器是否“拥有某种经验”。

要进一步说明这个难题，我们不妨看看神经科学对意识的讨论通常是如何轻蔑对待哲学范畴的问题的。神经科学家杰拉尔德·埃德尔曼（Gerald Edelman）和朱利奥·托诺尼（Giulio Tononi）宣称，意识内在的“整合”或完整性为探索意识的生理特质提供了最好的线索。从他们的角度来看，意识就是一个“统一的神经过程”，诞生于“持续反复的在大脑不同区域内部和区域之间的高度平行的信号过程”。为了说明癫痫发作和慢波睡眠期间脑神经元的同步化放电并不足以被称为意识，他们提供了另一个标准：这种“分化神经状态的集合”必须要足够大。因此，意识本身就是“整合的”也是“分化的”。但是，在很长的时间里整个大脑都能呈现出这种特质，这只能用“整个大脑并不是意识所在之处”来解释。因此，他们宣称意识的整合和分化必须是发生在几百毫秒之内的。这些条件共同构成了他们的“动态核心假说”。托诺尼和埃德尔曼在神经科学领域所做的研究是非凡的，但他们的研究恰恰说明了在意识之谜的面前，任何实证研究都是无力的。问题在于，这样的工作并不能让人们更清楚地了解意识究竟从何而来。尽管托诺尼和埃德尔曼可能对此也有所觉察，但他们依然自信地宣布：“对意识做出科学解释正变得越来越可行。”

为什么意识和无意识之间的差别，会变成“一个既高度整合又高度分化的神经分布过程”的问题呢？为什么这个过程所需时间应该是几百毫秒呢？如果它需要几百年才能完成呢？如果说地质分化过程导致了意识的涌现呢？为了讨论，我们不妨先同意他们。但这依然无法解释意识到底是如何产生的。如果地球上的整合和分化的过程就可以让这颗星球产生意识，那它只能是奇迹了。所以，神经同步性和意识产生的联系真的更明显吗？不，唯一明显的事实是，我们知道我们是有意识的。

考虑一下其他可能性：假设一块被海浪以 0.5 赫兹的频率拍打的珊瑚礁具有某种经验，假设把地上垃圾刮向一辆铝制房车的大风具有某种经验，假设纽约市所有未尽心愿的总和具有某种经验，这些“大脑”是如何产生意识的呢？我们一无所知。尽管如此，如果我们假定它们确实是有意识的，那么它们的能力并不会比我们大脑里的能力更难理解。毫无疑问，它们完全无法被理解，这也正是意识的问题。

一些读者可能认为我只是在堆砌证据，通过把意识与流动性以这样容易理解的现象进行比较来反对心智科学。无可否认，科学解开过更大的谜题，比如，一个有生命的系统和一个死去的系统之间究竟有什么区别。只要不把关于意识自身的问题牵扯进来，两者之间的差异就是一清二楚的。然而，1932 年，英国生理学家约翰·斯科特·霍尔丹（John Scott Haldane）依然写道：

> 生命的机械论如何解释人是怎么从疾病和受伤中恢复的呢？根本就没办法解释。唯一说得通的就是，这些现象太过复杂奇怪，我们尚不能理解它们。同样，我们也不能理解与之紧密相关的另一个现象：繁殖。我们无法想象一种精致而复杂的装置可以像一个活着的有机体一样，无限期地繁衍自身。

不到 20 年，人们的想象力就已经得到了充分的拓展。尽管生物学仍然有很多未解之谜，但如今相信活力论的人都是些完全不懂生物系统的无知者。[1]人们早已不再纠结于这类问题，而迷信生物需要一种生命冲力才能从受伤中恢复过来，也已经是半个多世纪之前的事了。那么我对于意识可以被物质解释的怀疑，跟霍尔丹对于用本身没有生命的过程来解释生命的怀疑，是类似的吗？

并不类似。说一个系统是有生命的，依然很像说它是流动的，因为生命就是系统对其所处环境的反应。跟流动性一样，生命也是根据外部标准来定义的，意识则不是，我认为也不能。我们不会说一个不能摄食、排泄、生长或繁殖的东西是“活”的，然而，它很可能是有意识的。这些差异在哲学家 C.D. 布罗德（C.D.Broad）批评活力论之前，就已经被许多思想家注意到了。布罗德精确地总结了其中的差异：

> “我们能够确定一个东西是活着的唯一证据，就是它在以某种特殊方式做出举动。例如，它会自发地运动、饮食、消化、生长、繁殖等。所有的这些动作都是从一个身体向其他身体发出的。我们没理由认为‘活着’有比展示出这些身体行为更多的含义……但关于意识的角色，情况就必定十分不同了。如果我们相信只有我们人类拥有心智，只有我们有这样那样的经验，那么一个很重要的证据就是，我们在特定情形下，展现出了特

[1] 活力论认为，生物系统的组织和行为必须经由非物质的理论来解释。该论点现已被推翻。

定的身体行动……但很显然，我们所能观察到的外在身体行动，并非我们宣称心智及心智活动存在的唯一或主要基石。在我看来，同样显而易见的是，当我们说'拥有心智'时，我们并不单纯指'用这样或那样的方式行动'。"

未来，神经科学可以通过研究大脑进程为意识提供一个合理解释吗？我想重申的是，有关大脑的各种规模的研究都远不能证明它可能蕴含了意识。这些研究只能证明，我们直接体验到了意识，且我们会把意识之中或之外的许多内容跟大脑活动联系起来。关于人类行为、语言和文化的研究都无法证明意识在其中起了作用，但我们知道这是事实，因为我们可以在自己身上直接感知，也可以推己及人。

另一个表述方式是，就算所有物理学家都相信，在物理和现象之间存在一种必然的联系，我们却依然不可能发现证据，我们只能为这种相关性本身找到可靠证明。如果有人说现象状态 X 其实来自大脑状态 Y，我们必须问："这在什么条件下是真的呢？"答案必须是充分且必要的：没有 Y 就没有 X，没有 X 也就没有 Y。但这又会触及两个更深刻的事实：一是，这样的一致性只能建立在实证相关性的基础上；二是，在定义一个事物处于何种状态时，现象学阐释绝不比物理学描述次要。如唐纳德·戴维森（Donald Davidson）所说："如果精神事件就是物质事件，那么它就既不是物质的，也不是精神的了。同一性本就是一种对称关系。"大脑状态 Y 可以被等同于现象状态 X，只可能是因为它显示出 X

的特质。

事实上，某些意识状态的神经相关性比我刚刚说的还要显得更加异质化，这就让这个问题变得愈发复杂了。它引出了多重可实现性（multiple realizability）的问题，即不同的物质状态都有可能产生意识的问题。找到一个（或一组）与意识紧密相关的状态，并不一定揭示在其他物质系统中出现意识的可能性。多重可实现性对任何想要把意识状态简化成一种特定大脑状态的理论，例如，关于意识的“类型同一论”哲学，都提出了质疑。从神经解剖学来看，我们已经知道特定形式的多重可实现性一定是成立的，因为一些鸟类和哺乳动物虽然神经结构截然不同，却做出了同样的认知行为。当然，我们也可以想象，只有人类是有意识的，或者意识只能存在于不同大脑里的同一种神经回路之中。但这两种说法，都让我极为怀疑。

无论一个人怀有怎样的本体论偏见，相关性的意义必须依赖于这样一个预设：物质状态和主观体验之间存在因果关系，甚至存在同一性。然而，相关性本身又是建立因果关系的唯一基础。这并不仅仅是对于因果关系的休谟式焦虑：我们对产生现象学事件的物理成因，比对产生物理事件的物理成因要无知得多。大卫·休谟对我们关于因果关系知识的怀疑并不过时。就连老鼠似乎也通过直觉发现了超越相关性的因果关系。可以说，我们把独立事件放在一个时间顺序中的能力，或是把事件分类的能力，是因果推论的产物。当我折断一支铅笔，我的手对它施加的力和它随后的断裂是相关的，但这个关系并不仅仅如此。我们还应该说，这只铅笔本身的微结构导致了它如此脆弱，从而使我们观测到的相关性变得可以理解。然而，把它用在意识上，这个联系就太粗暴了。如查默斯和其他人注意到的，一个问题依然存在：到底为什么这些事件在头脑中能被体验到呢？

这就是为什么研究意识和研究意识里的内容完全不是一回事。我们很容易从神经生理学的角度来理解意识里的内容。比如，回想我们看见一个物体时的经验：这个物体的颜色、轮廓、运动轨迹和空间位置，作为一个无缝衔接的整体，在我们的意识中升起，尽管这些信息是在大脑的不同位置被处理的。当一个高尔夫球员准备挥杆时，他并不是先看到球是圆的，再看到它是白的，最后看到它在球座上，他接收到的是一个关于球的完整统一的认知。许多神经科学家相信，这个"绑定"现象可以被解释为不同神经元组块的同步激发。不管这个理论是不是真的，它至少是可以理解的，因为神经元活动的同步性似乎确实可以解释认知的统一性。

这个研究和其他很多的神经科学发现一样，表明了意识的内容可以用其背后的神经生物学过程解释。然而，当我们追问为什么这样的现象就能被体验到的时候，我们又回到了意识的谜团里。

试图在大脑中找到意识的研究大都没能区分开意识及其内

容。结果就是，很多研究者把意识的某种形式或意识内容的一部分，等同于意识的全部。例如，克里斯托弗·科赫（Christof Koch）等人就视力做过很杰出的研究，他们想知道大脑中哪个部分负责给有意识的视觉编码。双眼竞争现象为此提供了一个很有用的据点，这种现象指的是，当左右眼被给予了不同的视觉刺激时，一个人在意识里体验到的，不是两个图像混在一起，而是二者随机来回切换。比如，当研究人员向你一只眼睛展示一栋房子的图像，向另一只眼睛展示一张人脸的图像时，你不会看见两个图像相互干扰或叠加在一起。你会有几秒钟看见房子，然后看见脸，然后看见房子，这一过程以随机的速率切换。这个现象让研究者找到了人类和猴子大脑中负责回应感知变化的部分。

双眼竞争现象简直像是为区分视觉的意识成分和无意识成分量身打造的，因为在这过程中视觉输入是不间断的，每只眼睛接收到的都是持续不断的单个影像，然而在大脑中的某处，意识内容的截然转变每几秒钟就会发生一次。这是很有意思的现象，而被试全程都是有意识的，只有眼睛看到的内容在被实验调节。如果你此时闭上眼睛，你意识里的内容就会发生剧烈改变，但你的意识显然是不变的。

这并不表示，人们对心智的理解完全不可能随科学而进步。未来，大脑研究可能会有惊人的发现，神经科学的发展也许会大大重塑人们对意识经验的认知。人们在睡眠过程中究竟是无意识的，抑或只是无法记住这段时间发生的事？人类的心智可以复制吗？神经科学也许有一天能解答这些问题，而答案很可能会颠覆我们现有的认知。

然而，意识的真相依然是无法还原的。只有意识才能理解其自身，经由直接的、第一人称的经验。由此我们可以得出，严谨的自我觉察是理解心智必不可少的过程。

你有几个意识

被分裂的大脑

对心智的探索要符合科学，就必须和我们对世界的其他认知融合。显然，旧有的路径无法做到这一点，它们的基础或多或少都是神话和迷信。过去人们曾相信，人类作为自然界中的一种动物，却受到独宠，拥有永生的灵魂。这一观念在达尔文于1859年出版《物种起源》后便开始动摇。通过一系列的基因排序，人们认识到人类和其他生命是在同一连续体上的。我们和酵母分享着同样的构成元素。现在，人们终于可以说，除了从低等生物向高等生物进化，任何有关人类在宇宙中的角色的解释都纯属幻觉。

神经科学的研究成果也对有关灵魂的古老概念提出了质疑，

只有意识才能理解其自身，
经由直接的、
第一人称的经验。

Only consciousness
can know itself—and directly,
through first-person experience.

由此也质疑了任何以灵魂存在为前提的心智探索。早在 20 世纪 50 年代，就有一个在人类和动物大脑研究中都得到充分证明的发现，那就是广为人知的“分裂脑”。这是一个非常反常识的现象，即便在科学语境中，也很难与人们的现有认知兼容。

人类的大脑分为左、右两半。形成原因仍然不明确，但从人体左右对称的结构来看，无怪中枢神经系统也是左右对称的。然而，这个结构却产生了惊人的结果。

所有脊椎动物的左右大脑半球都是由连合纤维连接在一起的，它的已知作用就是在两个大脑半球间相互传递信息。人类及其他胎生哺乳动物的大脑中最主要的连合纤维是胼胝体（图 2-1），这些纤维将两边大脑皮层中的类似区域连接了起来。学界对这个结构的进化过程仍有争议，但有一点无可置疑，那就是在人类身上，它代表着一个大型连接系统，比连接皮层和其他神经系统的纤维的总和还要大。我会在下文说明，每个人大脑的统一性都有赖于胼胝体的正常工作。没有它，我们的大脑乃至心智就会分裂。

有些人通过手术切断了其前脑连合。这通常是为了治疗癫痫，偶尔也出于其他手术的需要。针对癫痫患者，医生通常会实施胼胝体切开术，通过把胼胝体切断，防止局部突发的神经元异常活动传导到大脑的其他部分，进而引发癫痫。

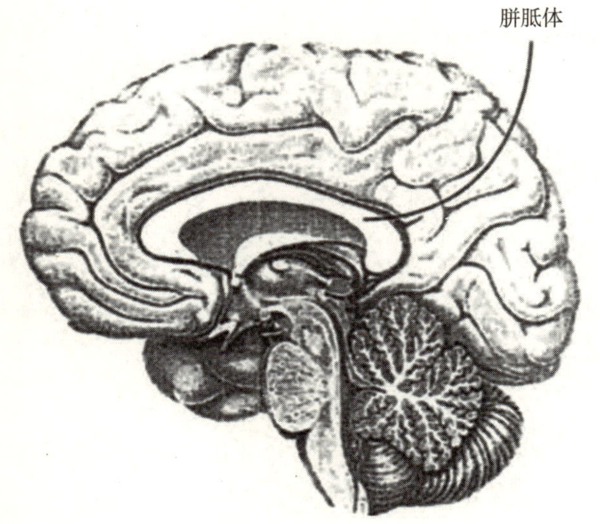

图 2–1 胼胝体

20 世纪 60 年代，分裂脑的概念因为罗杰 · 斯佩里（Roger Sperry）及其同事的工作受到全世界的关注。斯佩里因此获得了 1981 年的诺贝尔奖，而其研究也催生出神经科学、心理学、语言学、精神病学、哲学领域的一系列文献。在斯佩里做这项研究之前，切断癫痫患者的胼胝体看上去只是减轻了他们的发作症状，而并不会对他们的行为产生任何影响。这种观点也支持人们关于胼胝体的传统认知，即胼胝体的功能仅仅是连接两个大脑半球而已。

当患者从手术中恢复后，他们大都显得很正常，在神经测验中的表现也没问题。然而，斯佩里及其同事设计了一系列实验，先是在猴子和猫身上测试，后来在人身上测试，这让他们取得了两个重大发现。第一个发现是，左脑和右脑显示出高度的功能特化。这个发现并不是全新的，因为早在一个世纪以前，人们就知道左脑损伤会导致语言能力降低。然而，胼胝体切开术让斯佩里等人得以分别对两个大脑半球进行各种测试，从而找到了一系列专属于某个大脑半球的能力。第二个发现是，当前脑的连合纤维被切开之后，左右两个大脑半球展现出惊人的功能独立性，包括各自的记忆、学习过程、行动意向，而几乎可以确定的是，它们也表现出不同的意识经验。

接受了胼胝体切开术的患者的两个大脑半球之所以会独立运行，是因为大部分穿梭于其左右脑的神经束被割断了。对于人体而言，所有落在双眼左视野的景象会被投射到右脑，而所有落在右视野的景象则会被投射到左脑。四肢的感知和精细动作协调亦然。由此，左右大脑半球是靠完整的连合纤维来接收与其同侧的信息的。尽管右脑几乎不具备表述能力，因为言语功能被限定在左脑，但它可以通过指挥左手来指向字和物体，从而回答问题。

以下是展示分裂脑患者左右脑独立性的一个经典实验（图 2-2）：向被试右脑展示一个词，例如“鸡蛋”，让这个词只是在他左视野里快速闪过。询问被试看到了什么，他会说自己什么也没看见。再让被试在一个挡板后面，仅仅用左手触摸，选出刚才他“没看见”的那个东西，他会成功在一堆物品中选出鸡蛋来。

这时，尽管被试左手里已经握着鸡蛋，但如果不让鸡蛋出现在他左视野，问他拿的是什么，他便答不上来。如果向他展示这个鸡蛋，并问他为什么在一堆物品中选择了它，他很可能会捏造一个答案，说："我选它是因为我昨天早餐吃了鸡蛋。"这真是很奇特的事情。

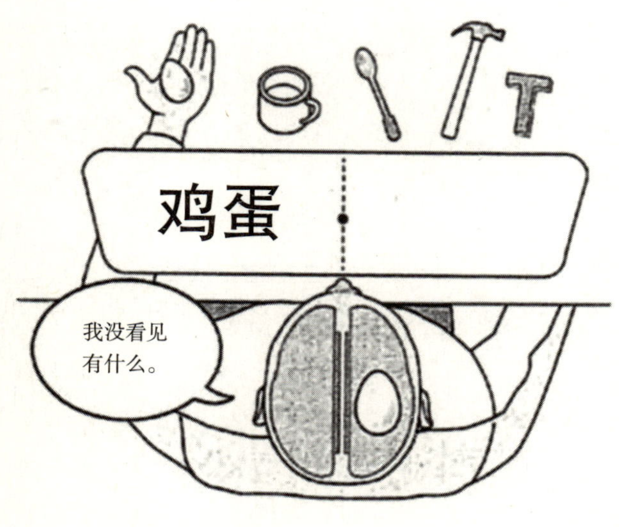

图 2-2　裂脑人实验

在以上述方式探索了大脑信息输入的偏侧性后，人们很难断言一个拥有分裂脑的人是单一的主体，因为他的所有行为都暗示着，他的右脑里藏有一位沉默的智者，而他能说会道的左脑却对此毫不知情。分裂脑患者还可以两手同时进行不同的活动，这进一步表明了其心智的二分性。例如，一个大脑正常的人通常无法左手画圆、右手画方，而分裂脑的人却可以轻松完成，像两个艺术家同时工作。术后短期内，患者的左右手有时会为了一个物体你争我抢，或者相互捣乱。左脑可以说明自己的状况，甚至可以非常详细地理解自己的整个思维过程，却对自己右边邻居的经验无知到天真。哪怕在手术多年后，实验对象的左脑仍然会在右脑回应实验者的指示时，表现出吃惊或恼怒。如果问左脑，“不知道右脑在想什么”是何种体验，这就像问一个人“不知道另外一个人在想什么”是何种体验一样，他就是不知道另外一个人在想什么啊，甚至他都不知道另外一个人存在！

关于分裂脑现象最让人震惊的一点是，有充分的证据表明，分裂后的右脑具有独立意识。很多科学家和哲学家相当抗拒这个结论，但没有给出任何令人信服的说明。如果意识必须建立在复杂的语言之上，那么所有非人类的动物和人类婴儿都是没有意识的。如果我们承认被移除左脑的人仍然是有意识的，那么对一个分裂脑患者而言，正常运转的左脑又怎么会夺走右脑的主体性呢？

当被试的两个大脑半球都拥有语言能力的时候，人们就更难否认其右脑是有意识的了，因为在这样的情况下，分裂的大脑往往会表达出不同的意向。一个著名的例子是，一个小患者被问到他长大后想做什么。他的左脑回答“手艺人”，而右脑却用拼图板拼出了“赛车手”。分裂的大脑半球有时甚至会直接找对方谈话，用口头和书面语言表达自己的观点。

分裂脑患者的右脑到底有没有某种经验？科学对此只有一种解答方式：我们只能观察到，其行为和背后的神经活动与在正常人身上找到的有关意识的行为和神经活动有充分的相似性。在一个依然能够使用左手的分裂脑患者身上，我们很容易观察到这一点。进一步讲，证明分裂后的右脑中存在意识，比证明新生儿存在意识更加简单。右脑是否有意识，其实只是一个伪谜题，它会阻碍我们看到一个更大的奥秘，一个细思极恐的事实：人类的心智竟然可以被一把刀分开。

迥异的左右脑

人类大脑的左右半球在解剖学结构上显示出巨大差异，其中有不少差异在其他动物的大脑中也有所体现。人类的左脑通常在语言和复杂动作方面发挥着独特的作用。因此，左脑损伤通常会造成失语症，即读写能力丧失，以及失用症，即协调运动能力丧失。

人的右耳由左脑掌控，往往更善于处理词语、数字、无意义的音节、莫尔斯密码、复杂的节奏，以及对时态信息进行排序。相反，左耳归右脑负责，更擅长处理旋律、和弦、环境声与音调。研究者在其他的感官中也发现了类似的差异。比如，右手更善于分辨刺激源的先后顺序，而左手则对刺激源的空间特质更为敏感。

然而，无论是普通人，还是分裂脑患者，许多更高级的认知

人类的心智竟然
可以被一把刀分开。

The human mind
can be divided with a knife.

功能都是由右脑主导的。右脑在面部识别、凭直觉判断几何原理和空间关系、从部分中感知整体以及辨识和弦上，都更具优势。右脑也更善于展示情绪（用左脸）和察觉他人的情绪。这意味着，我们都在用自己对情绪最敏锐的大脑半球（右脑），看别人表情最贫乏的半边脸（右脸），反之亦然。绝大部分心理变态者的右脑在感知情绪方面有所欠缺，这或许是他们不善察觉他人悲痛情绪的一个原因。

大多数证据表明，两个大脑半球的性格也不尽相同，如今我们也可以比较确切地说，它们对一个人的情感生活有着不同甚至相反的作用。绝大多数的相关研究都有赖于和田测试，即将异戊巴比妥钠注入左侧或右侧的颈动脉，使同侧的大脑半球暂时处于麻醉状态。研究者发现，左脑麻痹通常会导致抑郁，而右脑麻痹则会带来愉悦感。关于中风的研究也支持这种情绪的偏侧性，这些研究发现左脑中风和抑郁有关，但也有研究得到了不一致的证据。

对正常大脑的研究显示，恶心、焦虑、忧伤等负面情绪往往和右脑活动有关，而快乐情绪则和左脑活动相关。然而，以"趋近""回避"这两个概念来解读这种情绪非对称性要更为贴切，因为愤怒这种典型的负面情绪也和左脑活动有关。

向两侧大脑半球展示不同的影片，可以发现右脑对影片的情绪内容反应更敏锐，尤其是对负面情绪内容。右脑能比左脑更快地识别出单个词汇，如“愚蠢”“美丽”的情绪内涵，而抑郁症患者的右脑对负面词汇的识别力尤为突出。杏仁核是颞叶中对情绪最敏感的区域，灵长类动物的左右杏仁核之间没有直接连接，这说明情绪的偏侧现象具有解剖学基础。杏仁核在人类情感生活中所扮演的角色是早已被证实的，尤其是当人面对恐惧时。在一个分裂的大脑中，两个大脑半球对自我和世界的感知方式非常不同，它们的感受也就很难一致。

心智启示

如果一个分裂脑患者因为难以忍受与“另一个自我”的冲突，想把右脑完全移除，该怎么办呢？这算是干预治疗，还是谋杀呢？

人类独有的很多能力都是由右脑管控的。因此，我们有充分的理由相信，分裂后的右脑是有独立意识的，而在分裂的大脑里，栖居着两个截然不同的视角。这个事实对“每个人都有一个不可分割的自我”的观念构成了巨大挑战，更不用说“灵魂不死”的说法了。人有灵魂的观念来自这样一种感觉：我们的主体性是统一、单纯而完整的，它必然以某种方式超越身体的生化作用。然而，分裂脑现象证明，我们的主体性可以被一分为二。这个事实在伦理学上产生了一些有趣的回响。比如，生物学家李·西尔弗（Lee Silver）设想，如果一个分裂脑患者因为难以忍受与“另一个自我”的冲突，想把右脑完全移除，该怎么办呢？这算是干预治疗，还是谋杀呢？然而，最重要的启示仍然是关于意识的，那就是：意识可以被分割，也正因如此，它比任何外显的自我都更加深刻。

心智锻炼 想象一下，你正在经历胼胝体切开术。这类手术通常会让你全程保持清醒，因为大脑中并没有痛觉受体。你也不必担心自己会不会在手术过程中失去意识，因为哪怕是被切掉整个大脑半球，你都不会失去意识。你也不会丢掉任何记忆。在手术后，你可能会出现述情障碍，即无法描述自己的情绪感受，也可能会表现得缺乏礼貌。无论你是否能注意到这些变化，几乎可以确定的是，你在整个过程中，都会保有“自我”的感觉。

鉴于分裂脑中每个大脑半球都有自己的视角，而如今的你却似乎只有一个，你自然会想，在手术之后，“你”会在哪一边？你会入驻左脑，还是右脑？你很难不去想这道吊诡的问题。因为你在手术过程中一直保有意识和记忆，你可以合理地假设手术和“你”并没有消失，也没有被两个新的主体替代。由此，你可能倾向于得出以下结论：你的主体性一定是被折叠进了某一个大脑半球。毕竟，一旦胼胝体被切开，你显然不可能同时存在于两边。

合理的推测是，你会发现自己在左脑中，保留着言语能力，因为言语和话语式思考很大程度上定义了你当下的经验。然而，想想你正享用的其他认知能力，这些能力主要由右脑管辖。是谁，让你能够用左手和爱人握手，并轻易辨认出对方的面孔、表情和声音呢?

我想这个谜题蕴含着一个非常直接的解法。无论意识和神经活动的关系如何，意识都是可以分裂的。正如不同人的大脑并没有共用一个意识，一旦促使意识共享的结构被切断，两个大脑半球也就不会再共用一个意识了。如果人们发明出某种重新连接两个大脑半球的人工连合纤维，那么可以推想，这两个分裂的个体又会重新统一为单一视角的意识，统一为共享内容和功能的心智。

做梦的经验在此可供参考。每天晚上，人们在床上躺下入睡，却从床上被劫走，扔进一个过往经验和自然法则都不管用的领地。通常，人们会忘记现实，甚至察觉不到正在发生的事情有什么不对劲。梦最让人震惊的地方，恰恰是人们在梦里根本就不会感到震惊。睡梦中的大脑似乎并不要求此刻与下一刻之间具有连贯性，这可能是因为在快速眼动睡眠期间前额叶的活动减少。因此，人们在梦中体验到的剧烈变化，原则上并没有削弱意识的统一性。单从意识的角度来看，它好像很高兴体验一件又一件事情。

如果你的大脑中只有一个有意识的视角，如果所有记忆、意图和感知都属于同一个“主体”，那么你就享有心智的完整性。然而，大量证据表明，如果人脑中真存在这样的统一性，它的基础也不过是大脑中线上微不足道的一束束脑白质罢了。

我们的大脑已经分裂了吗

20 世纪 50 年代，罗杰·斯佩里和他的同事证明，胼胝体不能完全促成两个大脑半球之间的信息交换。在一项实验中，他们切掉猫的视觉神经交叉，让其每只眼睛接收到的信息只能进入其单个大脑半球。他们由此发现，只有简单的视觉认知可以被传递到另一个大脑半球。鉴于每个大脑半球中需要处理的信息量庞大无比，可想而知，哪怕一个正常的大脑都会在不同程度上有功能性的分裂。2 亿根神经纤维似乎不足以整合大脑皮层 200 亿个神经元的同时活动，况且这些神经元相互之间又有着成百上千甚至上万种联系。从这种信息分区来看，人们的大脑里怎么可能没有多个意识中心呢？

哲学家罗兰·普西提（Roland Puccetti）发现，如果假设正常大脑中存在不同意识领域，那就可以解释分裂脑研究中最令人费解的一个问题，即为什么右脑总是愿意静静目睹左脑中的错误和妄念。难道右脑已经对此习以为常了？普西提写道：

> 答案或许是，普通人大脑中也存在这样的左右脑区分。不说话的右脑很早就看穿了事情的真相。2 ~ 3 岁时，人类的左脑开始发展语言功能，于是右脑就听到了它和左脑共享的身体中突然传来说话声。随着左脑语言能力的发展，身体发出的话语越来越复杂，让右脑无法相信这是出自其身体。而从小到大，右脑也是这么默默看着自己的身体用右手书写。在手术后，这

个沉默的大脑半球并没有什么改变，除了失去对同侧身体的感官信息。它习惯了作为大脑中受轻视的那位，这种得不到感恩的合作已经成为一种日常。

让我们花点儿时间来消化一下上面这段话中所说的这种可能性有多么诡异。你正在阅读这些文字时所产生的观点，并不一定是你大脑中唯一有意识的观点。说自己无法意识到脑中大量的活动是一回事，而说某些活动对它们自身有意识，还在盯着你的一举一动，可就是另一回事了。

胼胝体的结构完整性之所以能够创造心智功能的统一性，必然是有原因的。而也许只有胼胝体的分割才会造成人类大脑意识的分裂。不管人们最终会就分裂脑得出什么样的结论，它都彻底违反了人们关于其主体性本质的所有常识性直觉。

一个人对世界的经验，尽管统一于一个正常的大脑里，却可以在物理上被切割分开。这对意识研究构成了巨大的挑战。如果在一个同事的帮助下，我可以审问我的大脑，比如我的同事让我的大脑皮层暴露出来，然后用一个微电极去探测它，那么结果会是我俩都无法理解那些没有对“我”的意识内容产生影响的大脑区域。根据分裂脑现象，当我的同事在对我进行微电极测试时，我只能做到告诉他我有没有感觉到什么，而这个“我”，可能只是大脑多个意识中心里唯一能被发现的。如果我什么都没感觉到，那我就无法知道那片受电击的神经元是否自主构成了一个意

你正在阅读这些文字时
所产生的观点，
并不一定是你大脑中唯一
有意识的观点。

The point of view from which
you are consciously reading these words
may not be the only conscious point of view
to be found in your brain.

识区域。原因很简单，因为我会像分裂脑患者一样，用我能言善辩的左脑去思考我的右脑是否有意识。它显然是有意识的，但没有任何一次实验性探测能够提供足够证据来支持这点。如果探索意识的必要条件是在头脑中或其他身体系统里的变化与第一人称视角的报告之间建立相关性，那么当我们试图理解意识的成因时，我们就会无法考虑那些沉默着却有意识的身体系统。

所有的大脑在某种程度上可能都是分裂的。我们每一个人，哪怕此刻，也都可能活在一个主体性不断裂变和重叠的流动状态中。你是否相信它并不重要，毕竟，你脑中的另一部分或许正持有不同意见。

默默影响你的无意识

100 多年来，意识和无意识过程的边界一直是心理学家和神经科学家着迷的领域。弗洛伊德在认识到无意识的心智必定也有某些认知和情绪结构后，据此建立了一套理论体系。而在此基础上，他也树立了一套相当不科学的神话。威廉·詹姆斯的研究也展示了有意识思考和无意识过程之间的关系，他在此问题上的观点以及他对心智的看法至今仍然值得人们的注意：

> 假设我们想要回忆起一个忘了的名字，我们的意识状态会

是很奇怪的。它里面有一个空白，但它不仅仅是空白，它是一个相当活跃的空白。这个名字的幽灵就在其中，冥冥中召唤我们去某个方向，时不时让我们以为自己已经无限接近它了，结果却发现自己一次次扑空。如果有人给我们提示错误的名字，这个单数的、确定的空白就会立刻跳出来否定它们。它们不符合这个空白的轮廓。一个词的空白和另一个词的空白给人的感觉是不一样的，但我们似乎还是不得不用“空白”来描述它，毕竟它都没有内容……一个想不起来的词，它的韵律飘荡着，却没有一个声音可以包裹住它。那若隐若现的第一个音节好像在阵阵嘲弄着我们，却没有变得更清晰。

换句话说，无意识的心智的确存在，而有意识的体验能够让人了解无意识的结构。随着实验心理学和神经成像技术的进步，人们得以越来越准确地研究有意识和无意识活动的界限。人们现在知道人类大脑中至少有两个不同系统在管理认知、情绪和行为。其中一个较早进化而来，是无意识的、自动的系统；另一个则形成得稍晚，是有意识的、刻意的系统。当你觉得一个人招人讨厌，或者十分性感，抑或特别滑稽的时候，你体验到的是第一个系统的影响。而当你出于礼貌，铆足劲掩饰这些感受时，则是第二个系统在工作。

科学家已经学会用“启动效应”(priming)来定位第一个系统，这一现象表明，在有意识的觉察之下，潜藏着更为复杂的心智活动。[①] 这项研究的核心是一种叫作“后向掩蔽”的实验方法，即人们可以有意识地接受非常短暂的视觉刺激，短至 1/30 秒，但如果这些图像立刻被不相关的图像取代，也就是“掩蔽”，那么人们就会根本看不到前者。这个实验可以让语言和图像进入潜意识，而它们造成的刺激会随即影响一个人的认知和行为。比如，如果你在看到“大海”一词前被展示了相关的启动词，如“海浪”，你会更快地辨认出你看到的词是“大海”；而如果你看到的启动词是无关的，比如“锤子”，你辨认“大海”的时候就会慢一些。富有情绪的词语相比中性的词语更容易辨识，比如“性”会比“车”更快被认出。这进一步说明，这些词语的意思在意识介入之前就已经被吸收。潜意识承诺的回报驱动着大脑的奖赏中心，而带有可怕面具的脸孔和富有情绪的词语则会增加杏仁核的活跃度。显然，我们并不能全然知晓影响我们思想、情绪和行为的所有信息。

心智启示

你还记得你是怎么学会“门”这个词的意思的吗？……你又是怎么认出这个词，并记起它的意思的呢？

许多其他发现也证实了无意识心智活动的重要性。健忘症患者无法形成有意识的记忆，却仍然能够通过练习，提升他们在许多任务中的表现。比如，患者可以通过学习而越来越会打高尔夫

① 然而，就像丹尼特所指出的，要区分从未经历过的和经历过却忘记了的事情是很困难的，甚至是不可能的。两者之间的模糊性主要是因为意识的内容必须在 100 ~ 200 微秒中被整合。这种整合过程让一个人感觉自己在触摸一个物体时产生的感受和视觉上看到自己在做这件事情的体验仿佛是同时发生的。因此，意识有赖于所谓的“工作记忆”。

球，却仍坚信自己每次打球都是第一次。对普通人来说，这类运动技能的学习过程同样发生在意识之外。在神经层面，你练习乐器、开车或系鞋带的有意识记忆是一回事，但学习怎么做、知道怎么做又是另一回事。有健忘症的人仍然可以学习新知识，他们识别名字、生成概念的能力还能在反复接触相同信息的过程中有所提升，但他们却一点儿都不会记得自己是怎么习得这些知识的。进一步讲，普通人在学习语言时也处在类似的状况里。你还记得你是怎么学会“门”这个词的意思的吗？很可能不记得了。你又是怎么认出这个词，并记起它的意思的呢？你一无所知，因为这些过程都发生在意识之外。①

意识是你一切经验的根源

尽管无意识的心智很重要，但意识对人们来说才是关键，因为它不仅关乎心智锻炼，更影响着生活的方方面面。意识是人们现在拥有或未来渴望的任何经验的实质。如果一个人遭受着难以治疗的疼痛或抑郁，或忍耐着耳朵里不间断的嗡鸣，抑或背负着在同事中留下坏名声的后果，这些经历显然都属于意识的范畴，

① 在其他一些现象中也能见到这种无意识与意识之间的不一致。比如，有些人因为主要视力区域受损而患有“盲视”。从意识经验来看，他们是看不见的，或偏盲的，然而他们却可以准确地描述视野中物体的视觉特征。从经验层面，他们会说自己纯粹是在连蒙带猜，毕竟，他们根本体验不到视觉。但他们的“猜测”几乎百发百中。他们看得见，却根本不知道自己看得见。

无论它们产生于怎样的无意识过程。

意识也给人们的生活赋予了道德维度。没有意识，人们就无法思考该怎样对待他人，也不会关心他人怎么对待自己。诚然，大量道德情感和直觉都是在无意识中运作的，但它们的重要性恰恰在于，它们会影响意识的内容。我在《道德的图景》一书以及其他场合详述过，人类是否对其他生物负有伦理责任，取决于我们的行动对它们的有意识感受是否会产生或好或坏的影响。我们对岩石没有伦理责任，因为岩石并没有意识，但我们对任何可能受苦或被剥夺幸福权利的生物都负有伦理责任。当然，如果某块岩石对一个有意识的生物来说特别珍贵，摧毁它就可能是错误的。

任何关于好坏、对错、可取和不可取的前后一致的概念，都基于有意识生物经验的某些变化。要想说清楚“好”和“坏”意味着什么，并不容易，而它们的定义也不是恒定的。要做出这类评判，人们就必须去体察不同场景中经验层面的某些变化。为什么杀掉 10 亿人是错的？因为它会产生极大的痛苦和折磨。那为什么让这些男人、女人、孩子在睡梦中无痛死去，也是错的？因为他们未来幸福快乐的可能性都被剥夺了。如果你认为这样的行为主要错在它会激怒上天或让加害者死后受到惩罚，那你依然是在为意识层面的变化而担忧。

因此，我认为以下这句话是一条公理：我们关于意义、道德和价值的判断，都预设了意识必然在某处真实存在（或缺失）。就我所知，这世上没有任何一个人是虽然具有意义、道德和价值等观念，但这些观念却又与他身为意识主体的经验毫无关联的。现实世界中不会有这样的人，无论现在还是将来。而就算存在这样的价值观，也没有人会对它感兴趣，因为它必然存在于现在与未来的所有意识主体的经验之外。

整个宇宙因你的存在而点亮。你的思考、情绪和感知，在此刻都是有质量的。这是一个谜，唯一比它更大的谜是，这一切是否应从某处开始，而不是始于虚无。尽管科学也许最终能回答如何真正最大化人类福祉的问题，它却可能永远无法解开存在本身的谜题。承认这一点，不会给古老的信仰留下多少空间，却会为我们开启更高层次的心智生活提供牢固的立足点。关于我们自身的许多真相，我们要么会直接在意识中找到它们，要么永远都发现不了。

关于我们自身的许多真相，
我们要么会直接在
意识中找到它们，
要么永远都发现不了。

Many truths about ourselves
will be discovered
in consciousness directly
or not discovered at all.

第 3 章

自我的谜题

Waking Up
Chapter 3

我曾在加利利海的西北岸度过一个下午。那天炎热如炼狱，而在入海口处，挤满了来自五湖四海的游客。他们有的静静躲在阴凉下，有的则在烈日下漫步、拍照。

远眺群山，我忽然感到一阵平静。这种感觉很快变成了一种充满喜悦的安宁，抚平了我纷乱的思绪。突然，那种作为孤立个体的自我感，无论是主体的我，还是客体的我，都彻底消失了。我周身的一切都没变，还是无云的天空、绵延入海的棕色山丘、手握水壶的游客，但我却不再觉得自己与此情此景有任何距离，不再觉得有一个“我”在双眼之后窥探这个世界。剩下的，只有这个世界本身。

这种体验仅仅持续了几秒，但在我望向面前的土地时，我一次又一次感到了相同的安宁。我是一个秉持理性的人。因此，我不愿意用形而上的结论来阐释这类经验。即便如此，我每天都会看见意识的内在无我性，无论是在神圣古迹前，还是在我的书桌旁，甚至在我刷牙的时候。这并不是偶然，我已经进行了很多年的心智锻炼，而心智锻炼的目的，正是穿透自我的幻象。

在本章和下一章中，我的目标是让你意识到，你习以为常的自我感只是一种幻象，而锻炼心智、提升心智，就意味着时时刻刻察觉到这一点。有足够多合乎逻辑与科学的理由能让你认同这个说法，但真正接受它跟明白它不是一回事。好在自我感与许多幻象一样，当你走近检视时，它就消失了，而这正是你可以通过心智锻炼做到的。把你的心智当成实验室，用一种全新的方式关注你的日常吧！

有个著名的寓言用在这里刚刚好。一个人胸口中了一支毒箭，医生跑到他身边救他，他却拒绝医生的帮助。他首先想知道，谁造出了这支箭，这支箭是用什么木头做成的，射出这支箭的人是什么性格，射箭人骑的马叫什么，以及千万件与他此刻的痛苦和生死无关的事情。显然，这位老兄需要搞清楚事情的轻重缓急。他执着于思考这个世界，是因为他对自己所处的危险处境没有基本的了解。现实中也有一个大问题不是光靠获取更多概念性知识就能解决的，你可能已经隐隐察觉到了。

许多人宣称自己对精神生活毫无兴趣。大部分科学家和哲学家不喜欢谈论这个话题，因为这个领域缺乏一种智力标准。他们会说，愉悦是无法被客观观察到的。然而，现实中大多数人都在不断变化的体验中寻找一种满足感。但无论我们在生活中得到什么，它都终将消逝。人体会衰老，关系会离散。即使最强烈的愉悦，也只能持续片刻。而每天早上，叫醒我们的都是杂乱的思绪。

有人说精神生活会带来“愉悦”的体验，而意识本身就是愉悦的。如何理解这种说法呢？在西方的文化里，“愉悦”这个说法并不常用，听者会立刻警觉。一个把“愉悦”挂在嘴边的心智锻炼者似乎是在纵欲，沉溺于他神经系统里翻涌着的神秘浪花，只有获得过类似体验的人会尊重这种说法，其他人则会嗤之以鼻。一个每天花费数小时沉迷于心智锻炼所带来的极乐体验的人，看上去就像性成瘾者。在一个人自己的神经系统里找到愉悦之源并不是那么高尚的事。

但有个经验主义的观点值得我们深思。这个观点就是，意识在它呈现自身之前，就已经是“愉悦”的了。所谓愉悦，并不是强烈的兴奋感，也不是持续的欢乐感。它是一种情绪上的基调，一旦你意识到它，它就会渗透进每段经历的细枝末节。

在这一章中，我会介绍一系列的概念。尽管这些概念在有关自然世界和大脑的研究中几乎没什么用，但它们在我们的生命历程中却是举足轻重的，例如：自我、小我、我。我承认，这些词看起来不够科学，但目前并没有新的词语专门指代人类最令人震惊的特点之一，即绝大多数人感觉他们对这个世界的体验指向自我，确切来说，不是指向他们的身体，而是指向一个意识中心。它以某种形式，存在于身体之内、双眼之后、大脑之中。被一个人称为“我”的那种感觉，每时每刻都在定义这个人的观点，也为灵魂、自由意志等概念提供了基础。然而这种感受，无论在当今社会看起来是多么牢不可破，都是可以改变、中断甚至完全抛弃的。

你愿意被传送到火星吗

心智启示

是什么，让你和 5 分钟之前、昨天，甚至 18 岁的自己仍然是同一个人呢？

是什么，让你和 5 分钟之前、昨天，甚至 18 岁的自己仍然是同一个人呢？是因为你记得身为这些过去的自己是什么感觉，且这些记忆多多少少是准确的吗？但事实是，你已经忘记了在你身上发生过的绝大多数事情，而你的身体也一直在变化。那么，是否可以说，因为你身体中绝大多数细胞要么跟以前你身体中的细胞一样，要么来自以前你身体中的细胞，所以现在的你和以前的你在身体上是连续的？

如上一章所述，分裂脑现象对人格同一性的观念构成了挑战，然而还有更棘手的问题。哲学家德里克·帕菲特（Derek Parfit）设计了一个非常有名的思想实验：

心智锻炼

想象一个传送器，它可以把一个人从地球直接传送到火星。你不用在宇宙飞船中飞行数月，只用进入家附近的小仓里，按下绿色按钮，你头脑和身体里的所有信息就会被传到火星上的一个站点。在那里，你会被重新组装起来，每一粒原子都一样。

想象一下，你的几位朋友都通过这样的方式去过火星，也没发生什么坏事。他们把这个经验描述为瞬间移动：

按下绿色按钮，就会发现自己已经站在火星上，而最近一段记忆还是在地球上按下绿色按钮时，好奇接下来会发生什么。

于是你决定去火星。然而，在安排旅途的过程中，你了解到关于传送器的一个令人担忧的事实：原来，工程师会先在火星上组装好旅行者的复制体，然后再抹除这个人在地球上原来的身体。这样做的好处是可以避免风险，就算复制过程出了差错也不会有什么伤害。然而，这也引发了新的担忧：当你的复制体带着你全部的记忆、目标和偏见，即将开始他在火星上的一天时，你还站在地球上的传送舱内，盯着那个绿色按钮。想象一个声音从通信器中传来："恭喜你已经安全抵达目的地！"接下来，你立刻被告知，你在地球上的身体会被击碎成原子。这和被杀死有什么区别呢？

对大多数读者而言，这个思想实验说明，心理连续性，即仅仅维持一个人的思想、信念、习惯和其他心理特征，不足以成为人格同一性的基础。对你来说，在火星上那个人和你一样是不够的，他必须真的是你。火星上的那个人会拥有你所有的记忆，言行举止也跟你完全一致。但他并不是你，你在地球上传送舱内这个事实就是证明。对地球上等待被摧毁的你而言，传送器不再是一种旅行手段，而是一个恐怖骗局。你从未离开过地球，而且马上就要死了。如今你才意识到，你的朋友都已经被复制和杀死了很多次。然而，除非复制体还没建成时，母体就被抹除，否则传送器看上去并不会有什么明显的问题。由此，人们很可能会说，传送器是有用的，而“他们”确实踏上了火星表面。

你可能会得出结论，人格同一性在于物理连续性，换言之，你等同于你的大脑和身体，如果它们被摧毁了，你也就被摧毁了。但帕菲特的实验说明，物理的连续性之所以被重视，仅仅是因为它通常支撑着心理连续性。仅仅保留大脑和身体，并非人们的目的。想想重度痴呆患者：他们的身体是连续的，但心理却不是。如果这些患者能获得一些新的神经元，用来模拟他们大脑正常时的旧神经元，从而恢复记忆、创造力和幽默感，那会远远优于保留他们现有的遭受损伤和疾病的神经元。如果我们假定个体神经元的逐渐替换与连续的意识兼容，那么很显然，维持心理连续性才会是我们所在乎的。我们通常说一个人“活着”，也就是这个意思。

帕菲特把人格同一性的概念推到了极致，而他拆解传送器悖论的方式则是论证“同一性不是重点”，人们应该只关注心理连续性。然而，他同时也说，心理连续性至少不能在长时间内处于“分枝状”，比如，在复制体登陆火星之后，原版就不能在地球上存留太长时间。帕菲特认为，在这个故事中，如果一个人在被复制之前就被摧毁了，那其实传送时所发生的事情跟人生中的常态相差无几。毕竟，现在的你和最初拿起这本书的你，怎样才算是同一个人呢？唯一可能说得通的就是：现在的你和过去的你展现出了某种程度上的心理连续性。从这个角度来看，很难说传送过程与单纯的时间流逝有什么不同。正如帕菲特所说："我希望在火星上那个人是我，这种独特的亲密感来自未来不会再有一个人是我……但那些我害怕失去的东西，其实总是在失去……日常的生存与被摧毁后再复制，差不多一样糟糕。"帕菲特在此所说的"糟糕"，并不是指人们应该对这些真相感到抑郁。他只是在论述，从一刻到另一刻的普通生活状态并不比摧毁 / 复制过程更能显示出人格同一性。帕菲特通过许多极富创意的思想实验得出的有关自我的认识，跟本书意指的心智锻炼的核心理念殊途同归：在流转的时光中，并不存在一个稳定不变的自我。

我同意帕菲特关于人格同一性的绝大部分论述。然而，由于他的观点只是纯粹的逻辑产物，所以它们可能看上去完全脱离了现实生活。尽管心智锻炼所提供的经验并不一定能让人立刻解决传送器难题，也不能揭示为什么人们应该多关注自己而非陌生人的未来体验，但它能让人更容易理解这一类哲学命题。

当谈到心理连续性时，我们谈论的是意识及其内容，尤其是自传式的连续记忆。所有私事，所有让你的意识与他人不同的事情，都与意识里的内容有关。记忆、感知、态度和欲望，都只是意识里出现的东西。如果我的意识里突然间充满了你的生活内容，比如，如果我今天早上醒来，发现脑中全是你的记忆、希望、恐惧、感官印象和人际关系，那么我就不再是我了，我跟你通过传送器"生成"的复制体没有区别。

我的意识之所以是“我的”，仅仅是因为我生活中的点滴细节每一次出现都就被点亮在意识里。例如，我最近因为练武术受伤，脖子疼得厉害。为什么这是“我的”痛呢？为什么只有我能直接感觉到它呢？这些问题都是迷惑的表现。并没有一个“我”在意识到这种痛。这种痛只是在意识中升起，在它唯一能够升起的地方，即在“这个”大脑和“这个”脖子的连接处。除此之外，还有哪里可以让这种痛被感知到呢？如果我被传送器克隆了，那么在火星上，那个一模一样的脖子可能也会感觉到一模一样的痛。但“这个”痛，仍然还在“这个”脖子上。

无论意识与物质世界的关系如何，意识都是一个背景，任经验的客体显现其中，包括这本书的样子、车流的声音、你的背靠在椅子上的感觉。除此之外，它们无法显现在任何地方，因为它们的显现本身，就是意识正在活动的证明。而你对这个世界的独特经验，也只能显现于意识的庞杂内容之间。我们有充分的理由相信，这些内容有赖于你大脑的物质结构。复制你的大脑，就可以复制你的意识内容到另一个意识领域里。分裂你的大脑，这些内容就会以非常奇怪的方式分离。

从真实和虚构的实验中，我们了解到心理连续性是可以分割的，也因此可以被多个心智继承。如果明天我的大脑要经历胼胝体切开术，那就会创造出至少两个相互独立的有意识的心智，而它们各自都和正在写这段文字的人有着心理上的连续性。如果我的两个大脑半球恰好都有语言能力，那么每一个心智都会记得自

无论意识与
物质世界的关系如何，
意识都是一个背景，
任经验的客体显现其中。

Whatever its relation
to the physical world,
consciousness is the context
in which the objects of
experience appear.

已曾经写过这句话。因此，纠结于“我”到底落在左脑还是右脑毫无意义，因为它的基础是一个幻象，即在意识之流中浮游着一个自我，如同水面上漂着一叶扁舟。

然而，意识之流可以被分割，可以同时经过两个支流。假设这些支流再次汇聚，最终合并的意识之流又会继承它们各自的“记忆”。如果在分开多年之后，我的左右大脑半球又重聚了，它们各自独立存在时的记忆理论上会表现为一个单一意识里的合并记忆。那就没有理由再问当我的大脑被分开时，“我”去了哪里，因为除了这意识之流，并不存在一个“我”。当你看清这一点时，人类心智的可分割性就没有那么矛盾了。从主观体验来说，唯一真正存在的只有意识及其内容，而对人格同一性问题唯一重要的事，就是时时刻刻的心理连续性。

“我”究竟是什么

我们都知道，现实比我们所能感知到的庞大得多。比如：我现在正坐在我的书桌旁，喝着咖啡。重力让我待在这里，而它的运作方式已经被我们每个人习以为常。我的椅子之所以成型，是由于原子之间的电荷连接。我从没见过原子，却知道它们一定存在，而某种程度上，它们的存在与我是否知晓无关。我手边的咖啡正在散热，速率可以被精准地测量出来，而根据热力学第二定律，在达到平衡态前，这杯咖啡会不断丧失热量，且不可能从杯子或空气中吸取热量。然而，这些知识没有一项是我可以直接从经验里获悉的。再来看看消化系统和新陈代谢系统，它们在我身体里工作，却完全在我的感知或控制范围之外。如果只问我的直接感受，它很可能说我的大部分内脏器官根本不存在，但我却能合理而肯定地说，我的确是有这些器官的，它们的排列也应该和医学书中的一样。咖啡的味道、它带给我的满足，以及手中杯子的温度，尽管这些都是我所熟悉的事实，但它们背后却连着一片真理的黑暗荒原，我永远无从知晓的地域。每一刻，我头脑中的神经元都在放电，形成新的连接，这些事件又决定了我会拥有何种经验。我无法直接感知到大脑里的电化学反应，然而，这个迷雾般的神经计算奇迹却在此时发生，并产生了一个世界的景象。

当我沿着这条思路继续想下去时，我就越发清楚，自己对世间万物所知不过九牛一毛。例如，我可以拿起咖啡杯，也可以放下它，这似乎完全是随我心意的。它们都是刻意的动作，由我施展出来。但当我去探寻这些动作背后是什么的时候，虽然我知道是运动神经元、肌纤维、神经递质在起作用，但我既感受不到它们也看不到它们。那我是如何发起拿杯子的动作的呢？我毫无头绪。从哪个角度来说，是我发起了这个动作呢？也很难说。“我刚才做的事正是我打算做的”这种感觉，似乎只是一种在内心签字确认的感觉，而它或许源自我大脑中的一个模型，这个模型可以预测接下来发生的动作是什么。或许称之为一种感觉并不准确，但它肯定是存在的。否则，我怎么可能知道自主和非自主行为之间的区别呢？没有了这种主观能动性的印象，我会觉得我的行为全是自动的，或是在我的控制范围之外。

问题来了：既然我对事物的认知如此之少，那我究竟身居何处？既然我的外在和内在都如此晦涩难懂，那我到底是怎样一种存在？内在和外在是以什么为界线？是我的皮肤吗？我就等于我的皮肤吗？如果不是，那为什么要以我的皮肤作为外在和内在的界线呢？如果内外之分不在皮肤，那么我之外的世界止于何处，而我之内的世界又起于何处？是我的头颅吗？我就等于我的头颅吗？我存在于我的头颅之内吗？让我们暂时假设就是如此吧，因为我们没有多少剩余选项了。那么，在我的头颅中，我又可能在哪里呢？而如果我就存在于大脑里，那我身体的其他部分又怎能被称为“我”甚至“我的内在”呢？

“我”这个人称代词，指代的是一种感觉，即一个人感觉自己是其思想的思考者，是其经验的体验者。这种感觉让人们相信，他们不是单纯作为一系列经验存在的，而是拥有着这些经验。然而，接下来你就会了解到，这种感觉并不是人类心智的必然属性。并且，已有许多人表示，他们在不同程度上失去了自我感，这就说明，身而为“我”的经验是可以被刻意干预的。

显然，除了“我是有意识的”这一基本事实，在人们的经验中，还有某种被称为“我”的东西，否则人们根本不会以现有的方式描述主观体验，也不可能说在某种情况下失去了自我感。

然而，要准确地指出人们所说的自我到底是什么，却是一件极其困难的事情。许多哲学家都注意到了这个问题，但鲜有西方哲学家认识到，无法找到自我在哪里会产生比困惑更严重的后果。

英国哲学家大卫·休谟倒是清楚地意识到了这个问题：

> 有些哲学家想象人们在内心深处的每时每刻，都对自我是有意识的；人们能够感觉到它的存在，也能够感觉到它存在的持续性；人们不需要任何证据，就确切知道它完整而简洁的轮廓……但是，所有这些积极的说法都和事实经验相反；况且在这样解释一通之后，自我到底是什么，依然不明了。毕竟，“自我”这个概念是从什么样的感觉里诞生出来的呢？……
>
> 如果是某个感觉产生了“自我”的概念，那么这个感觉必须是持续不变的，因为按理说“自我”就是持续不变的。然而，没有什么感觉是不变的。痛苦和快乐、悲伤和喜悦、激情和感伤相互交替，从来不会全部同时存在。所以，“自我”这个概念并不是从这些感觉里诞生出来的，也并非源于其他任何感觉；所以，这个概念也就不存在了……
>
> 在我的经验里，当我进入那个与我最亲密的、被我叫作“自我”的部分时，我总是会遇到一些具体的知觉，比如热或冷、明或暗、爱或恨、痛苦或快乐。我从不能在没有具体知觉的情况下感受到自我。任何时候，当我去除了这些知觉，比如在深度睡眠中时，我就不能感受到自我了，甚至可以说我不存在了。而当死亡去除了我所有的观念，当我既不能思考，也不能感受，

不能去看、去爱、去恨，当我的身体消融之后，我应该就完全湮灭了，我也不会去想接下来我要怎样才能变成一个完美的非实体存在。如果有人在经历了认真且不带偏见的反思之后，依然认为他对自我有着不一样的理解，我不得不承认，我已经没法和他讲道理了。我唯一能接受的就是，或许他跟我都是对的，只是我们在这件事上存在着根本的分歧。或许他会感觉到一些简单的、持续存在的东西，他认为那是自我；我却非常确定，那不是。

“自我是无法被找到的，它只是一个幻象”，这句话到底是什么意思？这并不是说，人是幻象。我没有任何理由怀疑我们每个人的存在，也不反对把个体人格发展的历史描述为其自我的历史。然而，自我在人的一生中，会经历剧烈的变化。尽管从生理和心理的许多方面而言，现在的你和 7 岁时的你是连续的，但你的确不同以往了。你的人生已经经过了一个又一个重大的转折点。上大学、从军、结婚、为人父母、离婚、亲友去世、重大疾病、功名利禄、异域文化、牢狱之灾、事业成功、丢掉工作、推翻信仰……这些都会大大改变一个人。我们每个人都知道，随着时间的推移，发展出新的能力、认知、观点和品位是什么体验。我们大可把这些变化都归于自我，但它与我在此处谈论的自我不是一回事。

那个经不住检验的自我，是在每个当下获得经验的主体，它给人一种在大脑里面住着一个思想者的感觉，以及自己是这具身体的主人或住户的感觉，而身体在这个虚假的自我眼里，似乎只是一辆被征用的运载工具。也许基于科学，你会相信，你就是你的大脑加躯体，而不是居住在体内的某种存在。但即便如此，你也一定会感觉到，在醒着的每时每刻，你都仿佛有一个内在自我。然而，无论怎么找寻，自我都不见踪影。它并不存在于经验的细枝末节中。而当你把经验本身看作一个整体时，自我依然无迹可寻。但你却可以发现它的缺席，而恰是此时，自我感就消失了。

不做自我的囚徒

负面情绪来自哪里

当我们看见一个人走在街上自言自语的时候，我们通常会认为他有精神病，尤其是如果他没戴耳机。但我们每个人其实都在不停地自言自语，只是大多数人懂得不要说出声来。我们重复过去的对话，想着我们曾经说过的、我们没说过的和我们本应该说的话。我们畅想未来，制造出源源不断的词语和图像，它们让我们充满了希望或恐惧。我们告诉自己现在正在发生什么，仿佛脑中住着一个盲人，他需要别人不停跟他说话："哇，好棒的桌子！我在想它是什么木头做的。噢，但是没有抽屉。他们没给这个桌子设计抽屉？怎么会有桌子连一个抽屉都没有呢？"我们是在和谁说话呢？并没有人在那里啊！而我们似乎相信，如果一个人只是在脑中进行这样的内在独白，那么他的精神是完全健康的。但事实或许并非如此。

当我在写这本书的时候，我家经历了一系列的漏水事件。第一次是在一个储藏间的天花板上。当我和妻子刚发现的时候，我俩都感到很走运，因为这间房我们好几个月都不会进去一次。几个小时后，水管工就来了，凿穿墙板，补好漏洞。第二天粉刷匠就来了，修缮天花板，重新粉刷。我告诉自己，这种事每家每户都会发生，我的内心也主要是感激之情，心想：文明是多么伟大的产物啊！

几天后，旁边的一间房出现了类似的漏水。水管工和粉刷匠的联系方式就在我手机里，可是这回，我只觉得恼怒不已，还有一种不祥的预感。

一个月后，恐怖片正式上演：一根水管爆炸了，55 平方米的天花板全淹了。这次，修复花了两个星期，还产生了大量的灰尘。两位清洁工人负责善后，用吸尘器清洁上百本书，清洗并晒干地毯……在这整个过程中，我们家被迫在没有暖气的情况下生活，否则灰尘就会被吸入通风管道，吹得每个房间都是灰。最终，问题解决了，房子一定不会再漏水了。

然而，就在昨晚，距上次修缮完才一个月的昨晚，我和妻子听到了水落在地毯上那熟悉的声音。当我听到第一滴水声的那一刻，我忽然变成一个倒霉、无理、暴躁的人，径直冲下了楼梯。我确定，即使是在谋杀案现场，我都能表现出更多的尊严。只需要看一眼正在膨胀的天花板，我就知道接下来几周会发生的一切：我们家又会变成一个建筑工地。

毫无疑问，房屋只是受自然法则管辖的一个物体而已，它也不会自己修好自己。当我和妻子抓起桶和沙拉碗来接水的时候，我们应对的只是物理现实中的不可抗力。然而，我的痛苦却完全是我思考的产物。无论那时我需要做的是什么，我都是有选择的：我可以选择用一种冷静、耐心、专注的态度去做我应该做的事，也可以放任自己在一种慌乱的情绪中去做相同的事。进一步讲，生命中每一天每一刻，其实都是一个机会，你要么轻松地回应挑战，要么遭受不必要的痛苦。

我们可以在至少两个层面上探讨这种精神上的痛苦：我们可以把想法本身当成解药，或者完全不受想法的影响。第一种方法不需要任何心智锻炼的经验，只需要一个人掌握正确的思维习惯，就能产生奇迹般的效果。很多人自然而然就会这样做，那就是凡事都往好处想。

我妻子就是个乐观的人。当我像暴风雨中的李尔王一样火冒三丈时，我妻子提醒我，我们应该感恩，幸好天花板上浸下来的是清水，而不是下水道的脏水。这个想法瞬间解救了我：我深深地感觉到，这会儿拖拖地比站在齐踝深的污水里好太多了，真是令人欣慰！当我的大脑掉进不必要的痛苦深渊时，我常常用这样的想法来挽救它。如果天花板上漏的全是污水，光是把它们清洗干净就得花多少钱？那可不是一笔小数目。

我并不是倡导你盲目超脱于现实。如果一个问题需要解决，那我们就应该去解决它。但在做好的、必要的事时，我们非得感到痛苦吗？如果你像许多人一样，大部分时间都有点儿不开心，那么想想可能发生却没有发生的更可怕的事情，想想有多少人希望自己能过上你现在的生活，会非常有用。你有闲暇时间来读这本书，单单这一点就已经是极少数人才有的幸运了。此时此刻，地球上甚至还有许多人根本无法想象被你视为天经地义的“自由”是什么。

已经有研究证实了“刻意”感恩的效果：相比于仅仅思考生活中的重要事件、想着每天的麻烦或总是瞧不上别人，思考令人感恩的事会增强一个人的幸福感、动力和对未来的积极期望。

一个人不需要懂得心智锻炼之道，也能注意到思想是如何统治着他的精神状态的。以我为例，今天早上我醒来时处在一种无忧无虑的快乐中，然后我想起了漏水……想必你也很熟悉这样的体验：你的生活中发生了某件坏事，但在你一觉醒来之后，在被记忆束缚之前，都会有一个短暂的间歇。然而，只需一瞬间，让你不开心的原因就将再次上线。通过多年的心智锻炼，我发现这种从快乐到痛苦的飞速切换既令人着迷又相当好笑，而仅仅是注意到这种转变，就能极大地帮助我恢复平静。我的心智看上去像是一个电子游戏：要么我聪明地玩它，每个回合都进步一点儿；要么我就在同一个地方被同一个怪兽一次次干掉。

有一次，我住在加德满都一家特别糟糕的旅馆里，半夜感到有一个爪子在挠我的脚，于是醒了。我在惊恐中坐起身来，相信床上肯定有只老鼠。那时我刚刚得知，我在旅途中看到的那些麻风病患者之所以失去他们的手指和脚趾，并不是因为疾病本身，而是因为他们丧失了痛觉，遭受了烧伤和其他伤病。更糟糕的是，老鼠经常会在他们睡觉的时候啃食他们的四肢。

但那一刻，我的房间里一片死寂。所以我想："这一定只是个梦。"当这个想法突然产生时，我瞬间就不怎么害怕了，身心一下子就松弛下来。"多么奇怪的梦啊，"我想，"竟然让我感觉像有爪子在挠我，明明什么都没有。心理作用真是神奇。"紧接着，床单下面传来了一阵窸窸窣窣的声音。

我突然有了杂技演员般的敏捷，一下子从床上跳了起来。我在陌生而黑暗的房间里摸索了好久才打开灯，但灯一亮，一切又安静下来。我盯着乱成一团的被子，真心希望我丢掉的是理智，而不是隐私。我掀开床罩，就在床垫中间，坐着一只棕色的大老鼠。它直勾勾盯着我，令人反胃。它就像站在自己的领地，为丢失一大块优质蛋白悔恨不已。我做出攻击的动作，大喊着去打它。

这只小野兽跑过床单，跳到地上，消失在了衣柜后面。[①]

短短几秒钟，我的情绪在两个极端间打了个来回，恐惧、释怀、恐惧，仅仅是因为想法的切换：

> 我床上有一只老鼠！
>
> 哦，只是一个梦……
>
> 老鼠！

再次声明，我并不是想说，只有想法才是重要的。我会毫不犹豫地承认，床上没有老鼠很重要。然而，看清想法如何撬动情绪，可以带来解脱，尤其是看清负面情绪如何反过来塑造一系列思考模式，而这些模式又如何持续喂养这些负面情绪，并给人们的心智加上滤镜。对这一过程明明白白还是茫然无知，决定了当你生气、抑郁或恐惧的时候，这些感受仅仅会持续几个瞬间，还是会在几天、几周甚至几个月里纠缠着你。

如何打破负面情绪的魔咒

大多数人都让自己的负面情绪持续得过久，这完全是没必要

---

① 不用说，我立刻打包行李换了一家新的酒店。入住的时候，我向前台工作人员讲述了我遭受的折磨，希望他听到竞争者的条件有多差时能乐一乐。那只老鼠不仅在我的房间里，它都躺到我床上的被子里了！他沉默了很长时间，似乎对此不感兴趣。我开始怀疑自己是不是对他的英语水平做出了误判，直到他把钥匙交给我，说："我们这儿也有老鼠。"

的。大多数人在突然生气后，很容易持续感到愤怒，因为他们会主动“生产”出更多的愤怒。比如，不断去想自己生气的原因，回忆受辱的时刻，在脑中排练自己该说却没说出来的狠话，等等。然而他们往往并不会注意到这个过程的运转机制。其实，如果一个人不去持续地激发他的愤怒感，那么他是不可能持续生气的。

虽然我并不能保证锻炼心智会让你永远不再生气，但你的确可以从中学会摆脱愤怒情绪的纠缠。而说起愤怒情绪的后果，只生一小会儿气和生几个小时甚至几天的气相比，可有云泥之别。

很多人都有过负面情绪被突然打断的经历。如果你没有，请想象某个人把你惹得非常生气，而正当愤怒情绪似乎完全占据了你的大脑时，你接到了一个重要的电话，不得不马上拿出一副适于社交场合的迎人笑脸。大多数人都体验过这种切换：突然丢下自己的负面情绪，进入另一种运转模式。然而，只要一不留神，人们就又会陷入负面情绪的纠缠之中。

请留心那些打断你情绪的事情。例如：你正情绪低落，却突然被自己阅读的东西给逗乐；你坐在车里无聊烦闷，却忽然被来自好友的一通电话振奋了精神。这些都是情绪转换的自然实验。当你突然把注意力转移到一些不再支持你当前情绪状态的事情上时，你就可以开启一个全新的心智状态。观察一下，你心上的乌云能多快散开。这些，都是你真正窥见自由的时刻。

心智启示

什么是愤怒？你在身体的哪个部分感觉到了它？在每个瞬间，它是如何升起的？注意到这个感觉的究竟是谁？

真相是，你不必等到令人愉悦的分心事出现，就能转换你的情绪。你可以只是近距离地观察负面情绪本身，不带评判和抗拒。什么是愤怒？你在身体的哪个部分感觉到了它？在每个瞬间，它是如何升起的？注意到这个感觉的究竟是谁？用这种方式探寻，带着专念，你就会发现负面情绪全都自行烟消云散了。

思考对人们来说是不可或缺的。它对于形成信念、制订计划、外显学习、道德推理以及掌握其他人类独有的能力都至关重要。思考是所有社会关系和文化制度的基础，也是科学的根基。但人们会习惯性地将自己等同于自己的思考，而非将想法仅仅当作想法，仅仅当作意识里浮现的内容，这就是人类受苦的主要原因。它也让人们产生了一个幻觉：仿佛存在一个独立的自我，住在脑子里面。

心智锻炼　看看你能否在接下来的 60 秒停止思考。你可以关注你的呼吸，或是倾听鸟鸣，但别让你的注意力被思绪带走，不要有任何思绪，哪怕只是一瞬间。放下这本书，现在就试试吧。

你可能完全被思绪带跑了，却以为自己成功停止了思考。刚开始专念训练的人常常会认为他们可以专注在一件事物上好几分钟，比如呼吸，却在几天或几周的密集练习之后，发现自己的注意力没几秒钟就会分散。这是进步。你需要达到一定程度的专注，才能察觉到你有多么容易分心。即使有人威胁你，要你停止思考一分钟，否则就要了你的命，你可能都没办法做到。

这揭示了一个有关人类心智的令人惊叹的事实。人们有着卓越的理解力和创造力，可以忍受几乎所有的折磨，却没有能力停止脑中的自言自语，无论情况多么紧急。人们甚至没有能力去识别意识里升起的每个念头，而不是被几秒钟后的下一个念头带跑。如果没有经过大量的专念训练，想要在一分钟内保持清晰的觉知，是不可能的。

大多数人把一生都浪费在了思考中。问题在于：应该怎么看待这个事实呢？在西方，很长一段时间内人们的回答都是，“不怎么看”；而在东方，有人很早就看穿，被思想干扰就是人类受苦的根源。

从心智锻炼的角度来看，迷失在任何一种思考里，无论是快乐还是不快乐的，都等同于处在睡梦中。在这种状态下，你不知道此刻真正发生的是什么。这可以说是一种精神疾病。思考本身并不是问题，但把自己等同于思考，就是问题了。把自己认为是创造思想的思考者，也就是未能意识到，此时自己的思考只是意识里转瞬即逝的表象，这个幻觉就是人类几乎所有冲突和不快的根源。不管你现在想的是集合论，还是癌症研究，如果你正在思考，却不知道自己在思考，你就混淆了“你是谁”和“你在做什么”这两个问题。

专念训练是帮助你停止被思考裹挟的一种方法。一开始，你可能不太理解这种注意力的转移会带来多么大的变化。你会花大量的时间试图专注于当下，或是想象你正在专注于当下，把注意力集中在呼吸上或是其他事物上，却在几分钟，顶多几小时后就以失败告终。取得进步的第一个标志是，你开始意识到自己其实多么容易分心。但如果你持续练习，你将尝到真正专注的滋味，并开始看穿思想只是意识荒原里升起的表象。

就算与安定的专念状态差得很远，你也可以发现，自我感，即感觉思想背后有一个思考者，经验之中有一个体验者，是一种幻觉。被人们称为“我”的感觉，只是思考的产物。小我，就是思考着却不知自己正在思考时的感受。

你也许会想：

> 哈里斯（本书作者）到底在说什么呢？我知道我在思考。我此刻正在思考。有什么大不了的吗？我在思考，而且我知道。它怎么会是个问题呢？我怎么就混淆了呢？我可以思考任何我想要思考的东西。你看，我立刻就可以在脑中想象出埃菲尔铁塔。它已经出现了。这就是我自己想出来的。那么，凭什么说

如果你正在思考，
却不知道自己在思考，
你就混淆了
“你是谁”和“你在做什么”
这两个问题。

If you are thinking
without knowing you are thinking,
you are confused about
who and what you are.

我不是这些想法背后的思考者呢？

这就是自我打的一个死结。抽象地理解想法在不断升起，或知道自己此刻正在思考，是不够的，因为这样的知识本身也需要思想作为中介，而这些思想的产生并没有被察觉。正是人们对这些思想的认同，即没有认识到它们只是自发地出现在意识里，才产生了“我”的感觉。一个人必须足够专注，才可能在接二连三的想法间隙，在下一个念头产生之前，瞥见意识的真相：意识并非自我。一旦明白了这一点，你就可以理解，思考不过是转瞬即逝的意识表现。

你意识到的究竟是什么呢？你对这个世界有意识，对存在于这个世界的自己的身体有意识，还会想象你对身体内的自我有意识。绝大多数人都感觉自己不只是一具躯体。他们似乎游走于身体之内，感觉自己是一个内在主体，可以把身体当成某种客体来使用。然而，这个印象是可以被破除的幻觉。

意识的无我性体现在每一个当下，但它依然很难被发现。这并不矛盾。许多事情显而易见，却需要大量的训练和技巧才能被观察到。想想视觉上的盲点：视觉神经穿过每只眼睛的视网膜，在我们的视域内创造出一个小小的盲区。很多人在童年时期就已经直观地体验过这不完美的人体构造：在纸上画一个小圈，闭上一只眼，然后移动这张纸，直到圈在另一只眼前消失。毫无疑问，从古至今，大多数人完全不知道自己的视觉存在盲点，而知道的人在几十年的生命中也不曾注意它。然而，盲点一直存在，它就漂浮于每个人经验的表面。

自我的缺席，也在经验的表面却受人忽视。如同视觉盲点一样，证据并非远在天边，也没有被深深掩藏。相反，正是因为它离人们太近了，才难以察觉。对大多数人来说，要体验到意识的无我性，需要大量训练。然而，每个人都可以注意到，在他之中、觉察他在当下经验的意识，和自我感是不一样的。当你感受意识时，你不会感受到一个“我”。所谓的“我”，本身只是在意识的众多内容中浮现出来的一种感觉。意识先于“我”存在，是它的旁观者，也因此可以从“我”中解脱出来。

围绕自我感的研究

许多科学家用“自我”这个词来代指人们内在生活的总和。我参加过研究自我的学术会议，阅读过大量相关书籍，却没有看见任何人提到被人们称为“我”的感觉。自我这个幻象虽然是可信的，却也是诸多痛苦和迷惑的来源。

我们必须区分自我和与之相关的各种心智状态，如自我认知、意志力、记忆、身体感觉。要了解这其中的差异，可以试想一下：一个人患上了逆行性健忘症，完全忘了他的过去。如果问他是怎么变成这样的，他可能会说："我什么都不记得了。"这显然是夸张的说法，因为他肯定记得一两件事，比如，他至少还会说话才能这样回答。但我们没理由认为他误用了"我"这个人称代词。他的"我"似乎在他丢掉记忆之后，仍然存在，就像他的身体依旧完好无损。如果问他："你的身体在哪里呢？"他很可能会回答："在这里。这就是了。"如果进一步问他："那你在哪里呢？你的自我又在哪里呢？"他很可能会说："你这是什么意思呢？我也在这里啊。我只是不知道我是谁。"这个对话听上去很奇怪，但这位主人公无疑有和你一样的自我感。他丢掉的只是记忆。而他作为经验的主体依然存在，且会对失忆感到担忧。

显然，作为一个人，他不再是他自己了。他不再记得自己亲朋好友的名字和面孔，可能也不知道自己喜欢什么食物。他心底的恐惧和职业目标都消失得无影无踪。我们可以说，他甚至很难被视为一个人，但他却仍然有一个自我，而这个自我正在为与过去和未来都失去联结而受苦。

你也可以想想"出体经验"。离开自己身体的感觉，是神秘学文本里屡见不鲜的主题，在很多文化中也都有记录。它通常和癫痫、偏头痛、睡眠瘫痪症，以及我将在第 5 章中提到的"濒死体验"有关。据估算，有过出体经验的人在世界总人口中可能高达 10%。在这个过程中，一个人会感觉自己离开了他的身体，通常他会看见自己的整个身体，仿佛视角在头颅之外。产生这一现象的似乎是大脑中的颞顶叶交界处，而这个区域负责的是感官整合以及身体表征。一个人的意识是否真的可以脱离身体并不是重点，重点是它看上去可以。而这个事实在自我和其他使人之为人的属性之间又划出了一条界线。在“身体之外”能体验到“自我”，是有可能的。

自我，作为认知、感受、情绪和行为中隐藏的焦点，在意识的内容发生巨大转变时，依然可以保持稳定，除非自我感消失。这点很容易理解，毕竟所有的意识内容似乎都指向了“自我”：它们指向的并不是身体或头脑本身，而是一个视角，从这个视角看，身体和心智似乎每时每刻都是“我的”。

由此可知，大多数关于“自我”的科学研究都太宽泛了。如果自我就是“我是经验主体”的感觉，它就不应该被等同于更大范围的经验。为了了解自我，许多科学家都跑去研究空间识别、自主行动、身体掌控感以及情景记忆。尽管这些现象极大地影响了人们每时每刻的经验，但它们并不是构成“我”这一感觉所不可或缺的关键。

身体掌控感与主观能动性

让我们先来看看“身体掌控感”。它必然完全或至少部分产生于不同感官信息流的融合：我们能感觉到自己四肢在空间里的位置，能在可视范围内看见它们，并且，我们碰到物体的触感和我们看见自己皮肤跟这个物体接触的观感通常是同时发生的。类似的同步性在我们做出每一个有意识的动作时都会发生。毫无疑问，身体掌控感是个体生存和社交的关键。这种感知若丧失或者扭曲，都会让人彻底迷失方向，但是让谁迷失方向呢？当我躺在手术台上，感觉到静脉镇静剂开始起作用，随后发现我再也感觉不到自己四肢在空间里的位置，甚至感觉不到身体的存在时，到底是谁被剥夺了这些感官输入呢？是我，那个（几乎）一直存在的经验主体。尽管作为经验主体，我体验到自己的感觉被剥夺，但很显然，没有任何一个被剥夺的感觉是自我的一部分，它顶多是广义上我的人格的一部分。

神经科学研究中的一些发现，进一步区分了身体掌控感和自我感。比如，一个人可以失去拥有肢体的感觉，这被称为假肢妄想症。相反，一个人也可能把别人的肢体甚至无生命的物体当作自己身体的一部分。想想著名的“橡胶手错觉”：

> 10 个被试坐下来，左手都放在一个小桌子上。被试手臂的旁边竖着一块隔板，因此看不见自己的手。此外，一个真人大小的左手橡胶模型被放在被试的面前。在被试紧紧盯着这个人造手时，研究者用两把小刷子碰触橡胶手和被隔起来的真手，尽可能让两把刷的移动同步……被试产生了一种幻觉，他们的触觉似乎并非来自那支隐藏的刷子，而是他们所见的刷子，仿佛那只橡胶手有触觉一般。

令人吃惊的是，借助于头盔显示器，这种错觉可以遍及全身，产生出一种“身体调换”的体验。人们很早就发现，在空间中定位身体部位时，视觉作用先于本体感觉，即对于身体位置的感知，而身体调换错觉则进一步说明，视觉可能完全决定了自我的坐标。

然而，这些现象最重要的启示在于，即使一个人与他的身体断连，误把他人身体的部分（或全部）乃至无生命物体当作自己的身体，他的自我仍完好无损。本体感觉实验无法解答关于自我感的任何问题。同理，某些哲学家、心理学家和神经科学家把人格的具体面向跟自我混为一谈，但无论他们研究得有多深入，也无助于揭开自我感的神秘面纱。主观能动性跟身体掌控感一样，在人们对世界的体验中不可或缺，但它也同样无法揭示人们所指的“我”到底是什么。比如，一个人可以区分他自己的身体运动和别人的身体运动，这完全不需要自我感，只需要他能够区分两个身体，就像区分两个物体一样。同样，他也可能分辨不出，他可能误认为自己的行为是他人做的，或把他人的行动认为是出于自己，却在这个过程中始终感觉他是他自己。

似乎许多人都相信，沿着主观能动性，就可以勾勒出自我的轮廓，然而事实并非如此。想想精神分裂症患者。虽然他们因为思想入侵、被控制妄想[①]、幻听等症状而遭受着非正常精神现象的困扰，但没有证据证明，他们作为自我而存在的感觉有所改变或丧失。一个人可能无法分辨意识的内容是由自己还是由外界产生的，从而把自己的内在想象当成感官讯息，然而在此过程中，他的自我感却仍恒定如常。

自我识别

想象一下：你从沉睡中醒来，发现自己被囚禁在一间陌生的、没有窗户的房间。你在哪里呢？你毫无头绪。然而，房间里有一面镜子。你凝视着它。你看见了什么呢？你的前额被涂上了一个红点，但由于某些原因，你并没有注意到它。事实上，你很快对自己的镜像失去了兴趣，开始寻找有什么吃的。毕竟，你只是一只大猩猩，根本不关注自己的外貌。

在关于自我的研究中，你会发现很多都提到了这样一个事实：一些生物会关注自己在镜子中的倒影，像一个 18 世纪等待约会的淑女一样。[②] 而另一些生物的反应则像是看见了同类。这类镜像测验已经成为灵长类动物和儿童发展理论的基础，实验者

① 思想入侵指一个人感觉自己的头脑中被他人植入了一些想法。被控制妄想指一个人相信自己的行为和冲动是被外部力量所控制的，比如被电视或外星人。

② 查尔斯·达尔文似乎是第一个做这类实验的人，他曾把两只大猩猩放到镜子前。这类实验的著名现代版则是戈登·盖洛普（Gordon Gallup）在 20 世纪 70 年代的一系列实验。

把镜子这一实验室里最简单的设备变成了自我的虚拟探测器，因为只有在镜子前表现出自恋行为，才会被认为是有“自我识别”，甚至是“有意识”的（在此人们很不幸地误用了“意识”这个词）。尽管镜像自我认知和对人称代词“我”的使用在人类个体的发展中近乎同时出现，都是在 15 ～ 24 个月大时，但我们有充分理由相信，自我认知和自我感是截然不同的心智状态，因此，它们在头脑中所处的层级也不同。

自我识别取决于环境。有些神经受损的患者无法再在镜子中认出自己，却能够在照片中找出自己。没有证据表明，这些患者丢掉了自我，或是失去了对自我的认知。那么，自我识别和自我感之间到底有什么关联呢？尽管“自我”这个词常被用来表示一些自我识别的现象，但这并不意味着它们之间有任何深层联系。例如，一个在任何环境下都认不出自己脸的人，也很可能拥有完好无损的自我感，就像你的自我感并不会因看见了一个完全陌生的人而发生改变。认不出脸的经验，哪怕这张脸是自己的，也不等于自我感被剥夺。

心智理论

我们用心智所做的事情中，最重要的一件就是理解他人的心智状态。这一能力有很多种称呼：“心智理论”“心智化”“心智直观”“读心术”“意向立场”等。识别和解读他人心理活动的能力，是正常的认知能力和社会性发展的关键，而如果这种能力受损，就会造成多种精神疾病，包括孤独症。那么，对他人有意识和对自己有意识之间有什么联系呢？许多科学家和哲学家认为，这两者肯定有着很深的关联。若真如此，那么有关心智理论（Theory of Mind，TOM）的研究自然会有助于解释自我的结构。然而，许多研究者常用的心智理论模型无法做到这一点。思考以下这段话，它是用来在实验中激发被试的心智理论程序的：

> 一个刚刚抢劫完商店的强盗正在逃离现场。当他往家里跑时，一个巡警看见他的手套掉了。巡警并不知道他是强盗，只是想告诉他手套掉了。巡警对他喊道："喂，你！站住！"这个强盗转过身来，看到警察，便放弃逃跑了。他双手举过头顶，承认自己确实抢劫了商店。
>
> 请问：为什么这个抢劫犯会这样做？

答案很明显，只有小孩和孤独症患者会答不出来。如果你无法站在强盗的角度思考，那么你就不可能理解为什么他会如此反应。这一类的实验刺激，正是心智理论研究的核心，但这些实验和"我们认为他人拥有心智"这一最基本的认识，几乎毫无关系。尽管我们可以运用推理能力，得知他人也拥有复杂的心理状态，而心智理论这个说法也抓住了这一点，但在此之前，我们已经做出了一个更基本的推断，或许是独立的推断：我们认为其他人对我们是（或可以是）有意识的。要解释这个强盗的行为，我们的认知水平不能仅停留在知道一个人出现在了另一个人的知觉里。可以被另一个人看见或听见的感觉，还远不足以让我们理解另一个人的信念和欲望。后者出于一种更加原始的判断力，这种判断力似乎是心智理论的根基。它或许与自我感有着深层次的关联。

法国哲学家让－保罗·萨特认为，我们与他人的相遇是形塑自我的主要环境。在他的描述中，我们每一个人都永恒地处在偷窥者的位置，在凝视自己的欲望对象的时候，忽然听见背后传来脚步声。一次又一次，当我们认识到自己在他人的世界里只是客体时，我们那安全而避世的纯粹主体性就被戳破了。

我认为萨特说到点子上了。“另一个生物意识到我的存在”这一原始反应，似乎正是心智理论与自我感产生关联的地方。如果你对此有所怀疑，我建议你试试这个练习：

心智锻炼

去一个公共场所，随便选一个人，盯着他的脸看，直到他也看向你。为了让这个练习不像是在无意义地挑衅他人，你可以仔细观察当你们开始四目相对时你内心活动的变化。是什么样的感受迫使你立刻看向其他地方或者开始讲话呢？

在这一情景中，心智理论的“自我分裂”性质似乎是毋庸置疑的，因为如果你不相信他人拥有知觉，你根本就不会有被看的感觉。你可以感受到其中的差别，被看和没有被看感觉上就是不一样，而我相信这种差别可以被描述为“自我感的放大”。无可否认，自我意识和这一更基础的心智理论形式是紧密相关的。[①] 对此，神经科学家拉玛钱德朗（V.S.Ramachandran）表示："当你用'自我意识'之类的词时，你实际是在说，你意识到他人对你也有意识。而这种误用或许并非偶然。"

心智启示

想想你看电影时发生了什么吧！

要了解基础心智理论和当今科研文献中心智理论的区别，想想你看电影时发生了什么吧！坐在黑暗的电影院里，看着人们在屏幕上互动，这可以说是某种社交际遇了。但在这个际遇里，作为参与者的你却是被完全抹除的。这大概就是为什么在大多数人眼里电视和电影如此具有吸引力。在人们看向屏幕的瞬间，他们就处在了人类基因从未预见的社会环境里：他们可以看到其他人的动作以及细微的面部表情，甚至可以跟其他人进行眼神交流，却不会有一丁点儿被观察的风险。电影和电视魔术般地转变了面对面交流的初始设定。过去，人们必须受制于痛苦的社交学习中，而如今，他们可以全然投身于对他人行为的观察中。这是一种超然的偷窥癖。虽然对于观影体验还存在许多其他的解读，但有一点很明确：它将基础心智理论与

① 直觉上看，自我感和"自我意识"这种社会经验，明显是有必然联系的。后者似乎是前者的反映，就像感觉到一个物体是硬的只是感受到其坚固性的一个特定表现。尽管这个问题非常有趣，但我们似乎无法用一种严谨的方式来证明这个联系的存在。举证责任应该在想要区分开这两个概念的人身上，他们需要找到一个有自我意识却没有自我感的情形，或是一个有自我感却没有自我意识的例子。

标准心智理论完全区分开来，因为毫无疑问，人们都相信屏幕上的演员拥有心智活动。人们根据标准心智理论的要求来做出各种判断，但这无助于建立自我感。我们很难找到比坐在黑暗中看电影更少体现自我意识的情景，然而在观影过程中，我们又无时无刻不在揣摩他人的信念、动机和欲望。

拉玛钱德朗和其他科学家都注意到，镜像神经元的发现为一个观点提供了支持，那就是：自我和他人的感觉可能产生于同样的脑神经回路。一些人相信，镜像神经元对于同理心至关重要，甚至可能催生了手语和口语。目前确切的是，当一个人用手去实施指向物体的行为，如抓取、操控，以及当一个人用嘴进行交流或进食的时候，他脑内的某些神经元会增加放电频率。而当一个人看见他人做出同样的动作时，这些神经元也会放电，只是频率稍低一些。基于猴子的研究显示，行为背后的动机，比如拿起一个苹果是为了吃它，还是仅为了移动它，而不单是动作本身，也被编码进了这些神经元。在这些实验里，当一只猴子看到其他猴子做出有目的的行为时，它头脑里的反应就跟它自己在做这个动作时的反应一样。针对人类大脑的神经成像实验也得到了类似的结果。

一些科学家认为，镜像神经元为人类在婴幼儿时期发展出模仿、社交能力以及此后理解他人心智的能力提供了生理基础。所以很有可能，症状越严重的孤独症儿童，其镜像神经元的活动越少。众所周知，孤独症患者很可能缺少对他人心理活动的洞察力。

相反，一项纵向研究显示，在8周的专念训练中，参与者的同理心有了显著提高，而他们大脑中包含镜像神经元的区域的活跃度也显著增强。尽管这类发现非常有趣，但对于镜像神经元的重要性，学界仍然存在争议。别忘了，虽然猴子的大脑里也有镜像神经元，但它们却没有语言和心智理论，也几乎没有显示出同理心。

心智启示

为什么一个人必须活在与自己的关系里，而非仅仅作为自己而活呢？为什么主体的“我”和客体的“我”总是难舍难分呢？

或许，对他人的心智有所觉察，是察觉自己心智的必要条件。当然，这并不是说，当人们独处时，“我”的感觉就会消失。如果人们对自我的认知和对他人的认知确实是密不可分的，那么对他人的意识应该在个体生命早期就被内化了。从心理学的角度看，这种描述我们主体性结构的方式似乎有些道理。所有的家长都见过小孩通过自言自语来发挥他们日渐增长的言语能力。这些独白贯穿着人的一生，仿佛真的是某种对话。这种交谈既奇怪又多余。为什么一个人必须活在与自己的关系里，而非仅仅作为自己而活呢？为什么主体的“我”和客体的“我”总是难舍难分呢？

想象一下，你找不到你的太阳镜了。你把整个屋子翻了个底朝天，最后才看见，它就躺在桌上，你昨天把它放那儿了。你立刻想“在这儿啊”，然后走过去拿它。然而，你是在对谁说这个想法呢？你甚至可能大声喊出来：“在这儿啊！”可是谁又需要这样被告知呢？你已经看见太阳镜了。在你翻箱倒柜找眼镜这件事里，还有其他人吗？

再想象一下，你在一个公共场所，碰巧发现一位陌生人正在找他的太阳镜。跟你一样，他忽然大喊“在这儿啊”，然后从桌子上抓起了太阳镜。通常在这一刻，所有人都会有一丝尴尬，但如果他只说了这句话，倒也不足为奇，旁观者也不会感到慌张。然而，如果这个人继续对自己大声说：“你个笨蛋，不然还会在哪？你都在这个楼里找了10分钟了。现在我和朱莉的午餐要迟到了，她每次可都是准时赴约的！”不用这个人再多说什么，大家就可以确信他有点问题了。然而，他和一般人并没有区别，他说的与一般人会在自己脑子里偷偷想的并没有本质差异。

至此，你已经了解到，自我感在逻辑和经验上都和心智的其他特征截然不同，却总是被混为一谈。因此，为了从大脑层面来理解自我感，我们需要研究那些已经不再体验到它的人。接下来，你会看到，心智锻炼非常适合用来做这种研究。

穿透幻象

从神经科学的角度来说，“我拥有一个稳定的、统一的自我”的感觉一定是个幻象，因为它建立于一些进程之上，而进程的本质就是变化的、多种多样的。大脑中没有任何区域是灵魂的居所。所有让人之为人的东西，如情感生活、语言能力、产生复杂行为的冲动，以及压抑不文明冲动的能力等，都广泛分布在整个大脑皮层和诸多下皮层区域中。整个大脑都参与了自我的形塑。所以，无须任何实验室的数据，你也可以知道自我绝不是它显示的样子。

个体作为一个统一主体的感觉，是一个幻象。这个幻象是由多个不同层次的进程和结构产生的，而个体对此毫无觉察，也无法有意识地掌控它们。更重要的是，很多进程都可以被单独打乱，从而产生一些缺陷。要不是这些缺陷很容易验证，我们很难相信它们真的会发生。比如，有的人拥有绝佳视力，却无法看到物体的运动。有的人则可以看见物体及其运动，却无法在空间里定位它们。心智如何依存于大脑，它的能力又如何受到干扰，都是完全反常识的。在此，与科学的其他领域一样，事物的表面往往让人远离真相。

人们可以在常规意义上的自我不存在的情况下体验到意识，就像马背上没有骑手。这个论点能够得到神经科学的有力支持。不管大脑是因为什么而错误地相信有一个思想者住在其中，它自然能够不再误信。而当它一旦停止误信，人们的内在生活就会更加忠于事实。

怎样才能知道常规意义上的自我是一个幻象呢？很简单，当

人们可以在常规意义上的
自我不存在的情况下
体验到意识，
就像马背上没有骑手。

We can experience consciousness
without a conventional sense of self
—that there is no rider on the horse—
...

你凑近看时，它就消失了。如同其他幻象一样，你以为那里有什么东西，走近，却发现什么都没有。经不起检验的，不会是真相。

有个关于错把打结的绳子当作蛇的寓言可以帮助你理解上一段话。想象你发现屋子的角落里有一条蛇，恐惧感立刻在你意识中升起。然后，你注意到它并没有在动。走近了看，你发现它好像没有脑袋。突然，你看到绳子上缠绕的纤维，才知道自己错把它当成了蛇皮上的纹路。你再走近一点，确认它只是一根绳子。怀疑论者可能会问："你怎么知道绳子是真的，而蛇是假的呢？"这个问题看似合理，不过它的合理性仅限于从未近距离看过一条"蛇"消失的人。鉴于人们总是把绳子错看成蛇，而非把蛇错当为绳子，这样的怀疑在经验层面上也是站不住脚的。

在图 3–1 中，你也会看见类似的幻象。看上去，这张图中间有一个白色的正方形，但细看后你会发现，它是由 4 个 3/4 的圆形构成的。正方形是由你的视觉系统创造出来的，它自我欺骗似的补齐了 4 条边。你是否能知道这些黑色的图案比白色的正方形更加真实呢？能的，因为当你尝试找出正方形的时候，它就不可能继续存在了，它的边消失了。只消多一点的检视，你就可以看到，它的形状只是猜测的结果。只要你凑得足够近，整个幻象都会消失。但如果一个怀疑论者非要说，这个白色的正方形和黑色的 3/4 圆形一样真实，我能说什么呢？我只能劝他看得再仔细一些。这不是一件以第三人称视角能辩明的事，它需要一个人亲自更近距离地观察他自身的经验。

图 3–1 视觉错觉图

在下一章中你将看到，通过同样的方法，你可以让自我的幻象被检视、被消解。

第 4 章

活在当下：专注而自由的人生

Waking Up

Chapter 4

痛苦的本质是失控的注意力

心理学家和神经科学家现已公认，人类的大脑常常走神，陷入所谓的“独立于刺激的思维”（stimulus-independent thought）中。在实验室外研究这种心理现象的主要方法是经验抽样法，即通过智能手机或是其他设备，在一天随机、多次询问被试正在做什么，有什么感觉。一项研究发现，当被试被问到他们是否在走神的时候，有 46.9% 的被试表示自己完全迷失在思绪里。任何有专念训练经验的人都知道，实际的数字肯定更高，尤其是当我们把所有的思考都算在内，看上去和眼前事务有关的想法其实也构成了不必要的分心。尽管自我报告不甚准确，但这项研究还是发现，当人们在走神的时候，就算他们在想的都是快乐的事，也会持续感到不太开心。研究者得出的结论是：“人类的大脑是走神的大脑，而走神的大脑是不快乐的大脑。”每个有过心智锻炼经验的人，都会认同这一点。

走神与大脑中线区域，尤其是内侧前额叶皮层和内侧顶叶皮层的活动相关（图 4–1）。这些区域常常被叫作“默认模式”或

人类的大脑是
走神的大脑，
而走神的大脑是
不快乐的大脑。

A human mind
is a wandering mind,
and a wandering mind
is an unhappy mind.

“静息状态”网络，因为它们在人们打发时间或等人的时候最为活跃。在神经成像实验里，当人们集中注意力完成一项任务的时候，默认模式网络的活动就会降低。

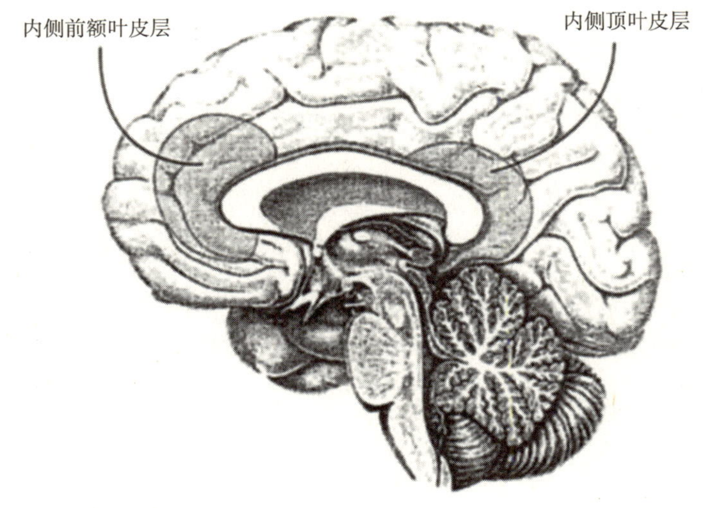

图 4–1　默认模式网络

默认模式网络也和“自我呈现”的能力有关。比如，如果一个人相信自己的个子很高，那么“高”这个词相比于“矮”这个词，就会在他大脑中线区域引起更强的信号。类似地，相比于评价他人，默认模式网络在人们对自己做出评价时更加活跃。当人们从第一人称视角（而非第三人称视角）来评价一件事物时，默认模式网络也会更加活跃。曾经有一项研究比较了东西方人在自我呈现之间的差异，发现用个人形容词来形容自己的时候，两组被试的大脑中线活动都更加活跃，而有些国家的被试在他们母亲受到评价时也有同样的反应。研究者认为这是因为这些被试的"自我"中蕴含着集体主义观念。

一般来说，把注意力放在外部会减弱大脑中线的活跃度，而观察自身则会增强它。这些实验结果相互印证，或许可以用于解释"工作到废寝忘食"的体验。专念训练同样也会减少默认模式网络的活动，这个效果在富有经验的训练者中最为明显，而且不仅限于训练时。尽管现在就从这些研究中得出确定的结论还为时尚早，但它们至少暗示了，迷失在思绪里的体验和自我感之间有着某种生理上的联系，同时也暗示了，存在某种机制使专念训练作用于二者。

长期的专念训练同样可以为大脑带来一系列结构性改变。专念训练者通常会有更大的胼胝体和左右海马。专念训练也会让灰质变厚，让大脑皮层沟壑变深。在年龄更大的专念训练者中，这些变化会更加显著，这说明专念训练可以预防因衰老而产生的灰质体积减小。这些解剖学发现背后的认知、情绪和行为意义还需要进一步研究，但不难想象，这些发现或许能够解释专念训练者所描述的经验及其心理上的变化从何而来。

有超过一万小时练习经验的专念训练者对痛感的反应和新手很不一样。他们对疼痛剧烈程度的判断跟普通人相同，只是并不会感觉那么难受。在预期到某种痛苦时，他们头脑中与焦虑相关的区域也没有那么活跃，而当痛苦的刺激发生后，他们也会更快地适应它。其他研究也发现，专念有助于减少负面刺激的强度和不愉快的感觉。

研究者早已知道，压力，尤其是生命早期的压力，会改变大脑的结构。例如，基于动物和人类的研究都显示，年幼时的压力会让杏仁核变大。一项研究发现，8 周的专念训练使被试右侧杏仁核的体积减小，而这一变化又与被试主观体验到的压力降低有关。另一项研究发现，与一群有经验的专念训练者一起进行一整天的专念练习，会让被试体内引发炎症的几种基因的表现变弱，而这又与被试回应社会压力的能力提高相关①。连续 5 周每天仅仅练习 5 分钟专念训练，就可以增强前额叶皮层的左侧基底活动，这类区域的活动与积极情绪有关。

回顾心理学研究，我们会发现，专念训练尤其有益身心健康：它能增强免疫功能、改善血压和皮质醇水平；它能减少焦虑、抑郁、神经过敏以及其他负面情绪反应；它还能够促成更强的行为控制力，在治疗成瘾和饮食障碍上效果显著。研究还进一步发现，

---

① 在这项实验中，实验者制造社会压力的方式是，要求被试当众做一个简短的演讲，然后进行心算，而这一切都会用摄像机录下来。

专念训练能增强主观幸福感，以及个体准确判断他人情绪的能力与面临苦难时的积极情感。

针对各种不同心智锻炼方式的科学研究才刚刚展开，但已经有数百项研究显示，专念训练对人们大有裨益。从第一人称视角来看，这些发现并不意外。毕竟，被自己的胡思乱想绑架，和自由、不加判断、有觉知地活在当下，可谓天壤之别。要完成这个转变，就要打断胡思乱想和被动反应的过程，正是这些过程让我们对自己和他人都充满敌意。毫无疑问，许多机制都参与其中，包括对注意力和行为的控制、身体感知能力的增强、对负面情绪的抑制、对经验的概念重构、“自我”观念的转变，而每一个机制都有其独特的神经生理学成因。然而，广义而言，心智锻炼其实就是借由平淡无奇的方式停止受苦的能力。这样的技能，怎么会不值得培养呢？

心智锻炼的两种常见路径

如果一个人认为自己的生命体验不需要提升，他就不会去尝试任何提升心智的方法。这恰恰是心智锻炼的最大矛盾，因为正是不满足感让人忽视了他们当下的意识里已然蕴含着内在的自由。如前所述，我们已经有充分的理由相信，尝试专念训练这种心智锻炼可以给生活带来种种积极的转变。然而，心智锻炼最深层次的目标是获得从自我幻象中解脱的自由，而要去追寻这种自由，仿佛它是需要努力才能到达的一种未来状态，却又强化了当下不自由的枷锁。

传统上，有两种方法来解决这个矛盾。

第一种方法是忽略它，只是去做各种各样的心智锻炼，希望有一天实现突破。在这条路上，有些人成功了，但也有很多人失败了。在一心练习的过程中，一方面，人们会更快乐、更专注，另一方面，他可能对整片蓝图心生绝望。指导者口中的“巅峰体验”听上去越来越像是空泛的许诺，练习者被留在原地，等待着永远不会到来或转瞬即逝的非凡感受。

然而，心智锻炼的终点，不应该只是昙花一现的体验。提升心智的目标是揭开一种幸福的新形式，这种幸福早已存在于每个人的心智里。因此，它必须在平常的所闻、所见、所感、所思中也能够获得。巅峰体验固然可贵，但真正的自由必须发生在日常的清醒生活中。

第二种方法是完全承认它的存在，并承认所有的努力都是徒劳，因为这种对超越的急切渴望，恰恰是人们需要治疗的病症本身。人们什么都不用做，只需放弃找寻。

这两条道路可能看上去是对立的，它们涉及的信仰也通常相

巅峰体验固然可贵，
但真正的自由必须
发生在日常的清醒生活中。

Peak experiences are fine,
but real freedom must be coincident
with normal waking life.

反。渐悟是心智锻炼的自然起点。这种目标导向的模式教起来很容易，因为一个人可以在没有任何关于意识本质和自我幻象的洞察之前就开始练习，只需让自己的注意力、想法和行为形成新的习惯，渐悟之路就会在他面前展开。相反，顿悟之路则陡峭得令人生畏。它通常被描述为“非二元”，因为在顿悟派的眼中，意识本身就是自由的，完全不会受任何类似于自我的事物的干扰。拥有虚妄小我的你，无须做任何事就可以参透这一点。

循着渐悟精神开始练习的人常常预设，自我超越的目标是遥远的。他们可能寻觅多年，渴望获得自由，却忽视了自由已在当下。当我跟随缅甸的专念老师班迪达（Pandita）学习时，我清楚地看到了这条路径的问题。我和班迪达一起进行了几次训练，每次长达一到两个月。其间，每天过午不食，每晚睡觉不超过 4 小时。我们的外在目标，是每天都要进行 18 小时以上的专念训练。而我们的内在目标，则是一点点超越自我。

这一练习的逻辑明显是目标导向的：根据渐悟论，一个人练习专念不是因为在当下就可以全然了悟意识的自由本性，而是因为专念训练可以帮助他将自我的幻象以及其他的精神痛苦连根拔起。学生相信，真实掩藏在所有表象后面，而摆脱自我的幻象是对真实最直接的洞察。

这一论点遭受了许多反对意见。一种批评是，它会产生误导，让人不知道在普通意识状态下能够实现什么。因此，它从一开始就让人对自己想要解决的问题的本质产生了困惑。然而不可否认，有了遥远的大目标以及稍近一点的小目标作为奋斗方向，人们便愿意接受高强度的训练，否则可能很难去潜心练习。追求渐悟的那段日子是我人生最努力的时期，但我的努力大多源于一个幻觉，即我被自我束缚住了，我要挣脱它。这个练习就像是我们必须爬上山，因为自由在山顶。然而，自我本身就是一个幻象，无论我们是在山脚，还是在沿途任何地方，都可以直接瞥见这个真相。一次又一次回到这个洞见，这才是我们需要的训练方法。由此，我们就可以在实际练习的每时每刻达到解脱的目的。

这不仅关乎如何理解专念的意义，也关乎一个人专念的内容。二元论下的专念训练，比如专注于呼吸，通常都基于这样一个幻象：一个人感觉到他是一个主体，意识居于自己脑中，而他可以有策略地关注呼吸或其他事物，因为这样能带来种种好处。这就是渐悟之路的体现。相对地，非二元论认为，一个人完全可以直接对“无我”产生专念。而要做到这一点，就必须认识到，意识的本质不外如此。这样的洞察，是极难获得的。与此同时，非二元论并不认为人们必须通过专念训练才能摆脱自我的幻象。然而，这其中有一个问题就是：许多人花数十年去静观意识的本质，此外什么也不做，但如果自由是可能的，那么在普通人的意识状态下它也一定能够被表达。我们为什么不去直接实现这种心智状态呢？

我本人花了数年时间，企图挣脱自我的束缚，其中至少有一年是完全在高强度训练中度过的。尽管我有许多有趣的经验，但它们都不符合渐悟之路的具体要求。有一段时间，我所有的思考都退散了，拥有一具肉身的感觉也消失了。留下的，只是意识里的宁静被无限扩展的喜悦，而这种宁静并不存在于任何日常感官之中。许多科学家和哲学家相信，意识总是与五感相关联的。他们认为，有人说在视觉、听觉、嗅觉、味觉和触觉之外存在一种“纯意识”，是一种范畴错误，或只是幻觉。我可以自信地说，他们错了。

然而自由却从未到来。由于当时我坚信渐悟，这令我倍感挫折。我训练期间的绝大多数时间都非常愉快，但似乎我只是获得了一些工具，让我得以审视自己尚未超越自我的证据。我的练习变成了日夜守候，我在等待一份未来的奖赏，并对此充满了耐心。

当我遇见印度老师彭加（H.W.L. Poonja）时，我动摇了。学生们通常叫他彭加奇或帕帕奇。帕帕奇是拉马那·马哈希（Ramana Maharshi）的学生，后者在20世纪印度的心智锻炼领域倍受尊崇。拉马那常说：

> 心智是众多思想的集合。思想产生，是因为有个思考者。那个思考者，就是小我。小我，一旦被寻找，就自动消失不见了。
>
> 本质，不过是小我的消失。摧毁小我的办法，就是去找寻它。因为小我并非实体，它自会消失，而本质自会闪耀。这是最直接的方法，其他所有的方法都在让小我苟延残喘……进行

此种问询，任何练习都不是必要的。

没有比这更大的谜题了——我们就是本质本身，却在不断追求本质。我们以为有什么东西把它藏了起来，而为了找到本质，必须先摧毁那个东西。这是荒唐至极的。终将有一天，你会嘲笑自己过往的所有努力。而让你开怀大笑的那天，正是此地、此时。

一旦我们尝试用第三人称的、科学的视角来理解这些教诲，很快就会疑惑重重。比如，从心理学上看，心智可不仅仅是“众多想法的集合”。况且，凭什么本质“不过是我的消失呢”？他所说的本质，是否包含类星体和汉坦病毒？然而，这些诡辩会让我们忽略拉马那所说的重点。

尽管不二论以及拉马那都倾向于对这类教诲进行一种形而上的解读，但其中的道理并不高深，而是经验性的。整个不二论都可以被还原成一系列非常简单、经得起检验的论点：意识是每一次经验的先决条件；自我或小我只是意识中浮现的幻觉；当你仔细去寻找“我”的时候，那种身为一个孤立自我的感受就会消失，而剩下的，只有直观体验到的意识的旷野。意识是自由的、完整的，拥有纯净本质，不会被意识里纷繁变化的内容所污染。

这些是帕帕奇教给我的简单真理。他在非二元的道路上比他的老师还要坚定。拉马那有时还会同意，一些二元论的方法可能是有用的，帕帕奇却分毫不让。结果是令人迷醉的，尤其是对已经苦练专念多年的人而言。帕帕奇也会不由自主地大哭或大笑，而这两者显然都来自纯粹的喜悦。他不会收敛自己的光芒。我第一次遇见他的时候，西方世界的拥趸还没有发现他，而他在勒克瑙的小屋也尚未变成一个马戏团。和他的老师拉马那一样，帕帕奇宣称自己已经从自我的幻象中完美解脱。从各方面来看，他也的确如此。和拉马那一样，帕帕奇会偶尔说一些非常不科学的话。但总体来看，他的教导已经很大程度上摆脱了印度教的宗教属性，也没有什么关于宇宙本质的胡说八道。他只是从自己的经验出发，谈论经验的本质到底是什么。

帕帕奇对我的影响是极其深远的，尤其是，他的教导修正了我之前在专念训练中的种种既艰苦又不尽人意的努力。但他的路径本身所存在的问题也很快暴露了出来。他的教导有种非黑即白的特性，这就迫使他承认，只要一个人足够自恋或疯癫，都可以声称自己完全超越了自我。因此，我不断看见他的学生宣称自己已经获得了完全、永恒的自由，尽管他们看上去还是相当普通，甚至更糟糕了。某些情况下，这些人的确是取得了某种突破，但帕帕奇坚持认为，每个合理洞见都是终极真理，这就让许多人产生了自我欺骗，自认造诣颇深。有些人离开印度，就摇身一变成了专念训练导师。据我所知，帕帕奇会鼓励每个学生去用这种方式传播他的思想。他曾经建议我也这样做，然而我很清楚，我并不足以成为任何人的老师。差不多20年过去了，我依然没有够格。从帕帕奇的观点来看，这是一个幻觉。但是，像我一样容易被思考扰乱心神的人和真正能够廓然无累的人之间就是有差别的。就智慧的程度而言，我不知道应该如何定位帕帕奇，但他显然比他的学生更高一层。帕帕奇是否能够看见他自己和别人的差别，我无从知晓。但他坚信差别不存在，这就显得有点教条主义，或是自欺欺人了。

有件事特别能说明帕帕奇教导里的缺陷。一小群非常有经验的专念训练者组织了一次去印度和尼泊尔的旅程，先在勒克瑙同帕帕奇一起住 10 天，再去加德满都待 10 天接受另一位老师的教诲。我报名参加了，这些参与者中有不少自己在教别人如何专念训练。在勒克瑙，一位来自瑞士的女士在帕帕奇面前“超越自我”了。在接下来的一周中，她获得了极高的礼遇。帕帕奇不断用她做例子，来说明人们完全不必费劲投入专念训练，就可以轻易了解全部的真相。我们也乐于见到她坐在帕帕奇旁边的高台上，描绘自己的小宇宙如今是多么喜乐无边。她确实散发着喜悦之情，我们也完全看不出帕帕奇对她的认可出现了失误。她会说“除意识以外，什么都没有。意识和本质，本无差别”这类话。从那样一个善良而真诚的人口中听到这些话，我们没理由怀疑她的体验有多么深刻。

当我们要离开印度前往尼泊尔时，她问我们能否同行。考虑到过去几天跟她相处甚是愉快，我们便欣然同意了。有人也很好奇，想看看在另一个场景下，她的领悟会呈现出什么样子。

尼泊尔的那位老师的指导思想与不二论非常相似，他也致力于引导人们认识到意识的非二元性。在和尼泊尔老师的探讨中，瑞士女士说自己已经获得了无边无际的自由，她的言辞很像她在帕帕奇身边时所说的。我们看到尼泊尔老师艰难地理解着我们翻译官的话，这让交流变得甚是有趣。随后，他笑了一下，饶有兴趣地看着那位女士。

“距离你上一次迷失在思考里，已经过去多久了？”他问。

“我已经有一周都没有任何思考了。”女士回答。

尼泊尔老师微笑着，问：“一周？”

“是的。”

“完全没有任何念头？”

“完全没有，我的头脑是完全静止的。只是纯粹的意识。”

“有意思。好，接下来我们这么做：我们都坐在这里，等你产生下一个念头。不用着急，我们都是非常有耐心的人。我们就坐在这里等你。当你下一个想法升起的时候，请告诉我们。”

我无法用语言形容，那是多么明智而温柔的点拨。那一刻可能是我亲历的所有教导中最具启发性的一个瞬间了。

过了一会儿，那位女士的脸上开始出现一丝困惑的神情。“好吧……等等……噢……那好像就是一个念头……好吧……”

在接下来的 30 秒钟，我们看到她的超越状态完全消失了。显然，她一直在思考她的意识变得多么无边无际，以及她的意识是如何从思想里解脱，变得像晴空一样无瑕，却没有注意到自己其实在不停地思考。她不断地跟自己讲她已经超越了自我，而她能够一直沉浸于这个故事里，只因她碰巧是个极度快乐的人，且在那段时间，所有的事情都刚好非常顺利罢了。

这就是帕帕奇式非二元论教导的危险所在。我们很容易自我欺骗，认为自己已经获得了永恒的突破，尤其是当指导者坚持说，所有的突破都必定是永恒的。尼泊尔那位老师的教导则清晰地指出，思考“在思考之外是什么”这个问题，仍然是一种思考，而对无我的一瞥只是一个开端。能够从自我感里解脱，获得宁静，只是旅途的起点，而远非其终点。

第三条路：目标即路径

我接受过很多不同流派的老师的指导，但我从未遇到一个人能像尼泊尔之旅中那位老师那样准确地解释意识的本质。作为一位有 25 年指导经验的老师，他在当地因教导清晰易懂而享有盛誉。在正式授课中，他会努力将自我超越的经验直接传授给学生。在他生命的最后5年中，我曾多次到尼泊尔向他学习。

这位老师认为，一个训练者需要能够在每时每刻都体验到觉知中的无我性，也就是说，不再因起念而分心。对一个训练者而言，专念就等同于驱散自我的幻象。指导者不仅仅要教授学生专念的技巧，还必须促使学生产生真正的洞见，在这个洞见的基础上再练习觉察才不会受主体与客体的二元对立所阻碍。因此，在这类练习中，“目标即路径”，因为人们渴求的从自我中解脱的自由，正是练习的内容。如果非要说这种练习有什么目标，那就是让人逐渐熟悉以活在当下的方式存在于世的状态。

在我的经验里，大部分指导者只是简单地描述有关意识的真相，却无法给出清晰的指引，教学生如何看到它。这位老师的天才之处，就在于他像教人穿针一样，用精准而实际的方式让我这样的普通专念训练者也能认识到意识内在的无我性。学生之间存在个体差异，所以有些学生最开始可能有些吃力和不确定，然而一旦他们瞥见了非二元性的真相，就会看到它清晰地存在于此，也不会怀疑能否再看见它。我怀着渴望自我超越的心情找到了尼泊尔的老师，几分钟内他就让我明白，根本不存在一个需要被超越的自我。

在我来看，这段经历里没有任何超自然的元素，也一点儿都不神秘。尼泊尔老师对我的影响纯粹来自他的清晰教学。和所有具有挑战性的事业一样，被错误的信息引上歧途，被稀里糊涂地推到一个大方向，与受到一位专家精确的指导，可以说是判若云泥。

一个有用的类比是视觉上的盲点：意识到盲点存在，会彻底改变人的一生。有些指导者会教学生一些技巧，让他们自己去发现盲点，但学生必须通过经年累月的练习才有可能达成目标，至于最终能不能认识到盲点，似乎多靠运气。如果让尼泊尔那位老师来指出视觉盲点，他会制作如下图案（图 4–2），并给予明示：

心智锻炼

1. 伸直手，把这张图举在你面前。
2. 闭上你的左眼，用右眼盯着十字。
3. 将图渐渐移动靠近你的脸，眼睛始终盯着十字。
4. 注意右边的点什么时候消失。
5. 当你发现自己的盲点后，继续前后移动这张图，直到你不再怀疑视线里的盲点确实存在。

图 4–2　盲点测试图

在传统心智锻炼中，宣称自己有所领悟，往往会被认为是劣等的行径。然而，我认为这个禁忌的代价是高昂的，因为它会让人们对如何练习感到困惑。所以，我将非常直白地讲述我自己的经历。

在遇到尼泊尔老师之前，我花了至少一年修习内观。那时，自我超越的经验对我而言并非完全陌生。我已体验过观察者和被观察者之间的界限消失的时刻，但我相信这些经验都有赖于精神的高度集中。因此，我以为在平常生活中，在高强度的心智锻炼之外，这样的经验是不可能获得的。

然而，只用了几分钟，尼泊尔老师就传授了我即使在平常意识状态下也可以直接突破自我幻象的能力。毫无疑问，那是我有生以来从另一个人身上直接学到的最重要的知识。它给了我一种方法，可以让自己在心灵的苦（恐惧、愤怒、羞耻）如潮水般涌来时即刻解脱。虽然，以我当时的水平，这样的自由只能持续几个瞬间，然而，这些瞬间可以被重复，而自由停留的时长会与日俱增。这样一来，日常的经验也发生了天翻地覆的变化。

如今，当我留意时，我完全无法感觉到有一个自我，臆想中的认知和情绪中心会瞬间灰飞烟灭，而意识显然从未真正被它所知的事物所局限。意识到悲伤，不等于悲伤本身。意识到恐惧，不等于恐惧本然。只是每当我迷失在思考里，我就又变回了一个充满困惑的普通人。

在我看世界的角度发生变化之后，我开始理解了诸如内观等传统修行的吸引力，也明白了一个人不需要接受相关的信仰，或是把指导者想象成有神力的人，就可以借鉴传统修行之道来锻炼自己的心智。

要开始这样的心智锻炼，通常需要先认识一位合格的老师。这个领域的著述浩如烟海，而本书中的大部分内容正是我自己尝试直指意识本质的努力。我的建议是，如果你愿意尝试，那么在你确定自己理解了某个练习之前，不要满足于一知半解。察觉意识的非二元性的练习就像干净利落地切断一条绳子。一旦断了，它就确定断了。我建议你对自己的练习也追求这样的明确性。

“无我”训练

超越二元对立

心智锻炼

想想让你愉快的事。比如，想象你取得了某种令人骄傲的成就，或是和朋友一起开怀大笑的瞬间。花一分钟来想想。你会注意到，仅仅是对过去的思考，就会激发你当下的感觉。但意识本身会感到快乐吗？它真的会被它所知的事物改变、着色吗？

意识到悲伤，
不等于悲伤本身。
意识到恐惧，
不等于恐惧本然。

That which is aware of sadness
is not sad.
That which is aware of fear
is not fearful.

思想和情绪在意识中浮现，就像图像在镜面浮现一样。镜中的美丽图像会让镜子变得更美丽吗？不会。意识也是如此。

心智锻炼 想想让你不愉快的事情。也许你最近遇到糗事，或者听到了一个坏消息；也许你想到一件即将发生的事，它让你感到万分焦虑。注意这些想法激活了你什么样的感觉。它们也是浮现于意识中的表象。它们有能力改变意识本身吗？

在此，你会发现真正的自由。但如果你不对意识的本质一次又一次仔细探查，就无法发现它。注意，想法依然在不断升起。即使在阅读这一页的时候，你肯定也走神了好几次。心智的飘忽，正是阻止你专注于当下的主要障碍。专念训练并不是要抑制这些念头，而是让你注意到念头的浮现，并认识到它们只是意识中转瞬即逝的表象。从主观体验来看，你就是意识本身，而不是下一个出现在头脑里又迅速消失的文字或者图像。然而，如果你不去留意念头的升起，下一个念头似乎就变成了你。

但是，你怎么可能是一个念头呢？无论是什么内容，念头几乎在它产生的下一刻就消散。它就像声音，或是你身体中飞逝的感觉。下一个念头，怎么可能定义你是谁呢？

一个人可能要花费数年才能分清意识与意识里的内容，也可能只需几个瞬间。每个人都有机会领悟意识本身是自由的，无论其中升起了什么。专念训练就是让人直接发现这种自由的心智锻炼法，它可以帮助我们打破把自己等同于思想的习惯，允许所有经验如其所是，不论喜悲。有许多传统的技巧可以做到这一点。重点是要意识到，真正的专念训练不是要努力催生某种特定的心智状态，像是感到喜乐、看到奇特的视觉画面，或是产生对一切有情众生的爱意。能够让人产生这些感受的方法是存在的，但它们的作用都很局限。真正的专念，是意识到所有经验的共同点，目的是为了理解每时每刻意识的本质，不论是什么在意识内升起，引起了你的注意。

当你在自然放松的状态下，只是见证着全部的经验，任由思想感情升起又消散时，你就会了解到，意识本质上是完整无缺的。在产生这一洞察的瞬间，你就会完全从“我”的感觉中解脱出来。当然，你还是会看到这本书，但它会成为意识中浮现出的一个表象，而这个表象和意识本身是密不可分的。你不再感觉到有一个你住在眼睛后面，读着这本书。

这种观念的转变，并不在于产生新的想法。要把这本书想作仅仅是意识中的一个表象，并不困难。然而要在想法升起之前，就已经认识到这一点，又是另外一回事了。对大多数人而言，要产生这个洞察，就要让意识回到它本身，并且要注意当自己开始寻找自我的瞬间时，主体和客体之间的界限发生了什么变化。你是否仍然会觉得自己就在双眼后面，向外看着这个客体世界呢？

去寻找被你称为“我”的感觉吧！极有可能的是，你无法确定无疑地找到它。

无头

英国建筑师道格拉斯·哈丁（Douglas Harding）在他的后半生里，成了新纪元运动圈中的名人，因为他开启了一条体验无我的新通道。后来，他举家搬到了印度，在那里，他将多年的时间投入自我探索，他的终极洞见就是他所描述的“无头”状态。我从未见过哈丁，但在阅读过他的书后，我确定他想要介绍的，正是心智锻炼的基础。

哈丁的灵感源自奥地利物理学家、哲学家恩斯特·马赫的一幅自画像（图 4–3）。聪明的马赫想到从第一人称视角来画自己：“我躺在沙发上。如果我闭上右眼，那么所有的图像就会呈现在我的左眼中。我眉毛的凸起处以及我的鼻子和胡子构成了画框，这个画框里出现了我的一部分身体以及视域内的环境。”哈丁随后写了许多本书来阐释他的经验，其中有一本非常有用的小书，叫《论无头》（*On Having No Head*）。哈丁的洞见后来被认知科学家侯世达（Douglas Hofstadter）[①] 以及我的朋友丹尼尔·丹尼特单拎出来大加嘲笑。侯世达是一位博学多识、智力卓绝的人，

---

① 侯世达与法国知名心理学家所著的《表象与本质》对人类心智进行了深刻且独到的剖析，并提出了令人震惊的新解释。该书于 2018 年 12 月由湛庐策划、浙江人民出版社出版。——编者注

但他似乎并没有真正理解哈丁说的是什么，这件事想来既好笑又发人深省。

图 4–3 马赫自画像

以下就是哈丁文稿中被侯世达批评的部分：

那天发生的事情简单到荒谬，毫无惊奇可言——我停止了思考。一种奇特的宁静，一种带着警觉的柔软和酥麻，降临在我身上。思辨、想象以及一切脑中的碎碎念，都寂灭了。生平第一次，语言对我失去效力。过去和未来都渐次离场。我忘了我是谁、我是什么、我的名字、我的人性、我的兽性，以及所有称得上是“我”的东西。仿佛我就在此刻刚刚诞生，崭新，无念，没有记忆。存在的只有当下，只有这个瞬间，以及其中清晰展开的种种。仅仅是看着，就够了。我发现，我卡其色的裤子向下延伸，止于一双棕色的鞋，袖子向两端延展，止于一双手；然而，衬衫向上却是止于——止于无物！反正不是止于一个头。

那一瞬间我轻易地意识到，这个本该是“头”的地方，是空，但又不是乏味的空白和虚无。相反，它是充盈的。它是无尽的空，填着无垠的满，是能够容纳万物的无物。它里面有青草，有树木，有荫翳的远山。更远处是雪峰，像有棱角的云，飘浮在湛蓝的天上。我失去了一颗头，得到了一整个世界……这无与伦比的场景在纯净的空气中熠熠发光，独自存在，无须任何支撑，谜一般悬浮在虚空中，完全不依赖于“我”，也不被任何观察者所打扰（而这才是真正的奇迹、震撼和喜悦）。它的全然存在，就是我的全然不存在，无谓身心。比空气还轻，比玻璃还透，完全不受制于我。“我”，消失得无影无踪……没有任何问题升起，没有经验本身之外的参照，只有和平与安静的喜悦，只有如释重负的感觉……它始终存在，我却盲视至今，从未看到这奇迹般的头的替代品，这无限的清澈，这透亮而纯净的空。而这空，才是万物本身，而不只是容纳着万物。因为不管我多么仔细去看，我都找不到一个投射着这些山峰、阳光和天空的巨幕，找不到一面映照着它们的镜子，找不到一个拍摄它们的

> 透明镜头，也找不到一颗感受它们的心灵或头脑，更别说一个身处这片景色之外的观景人了。不存在任何间隙，也没有“距离”这个虚妄的隔阂。无尽的蓝天，粉色边缘的白雪，绿得晶莹的草地……如果没有一个“离我远”的“我”作为参照，它们又怎会是“远”的呢？无念之空，拒绝任何定义和定位：它不是圆的，不是小的，也不是大的，甚至不在这里，因为根本不存在区别于“彼处”的“此处”。

哈丁关于自己没有头的言辞，必须以第一人称视角来解读。他并不是在说自己真的身首异处了。在第一人称的视野里，他所强调的无头简直是神来之笔，让人前所未有地清晰地感受到，瞥见意识的非二元性是什么体验。

以下是侯世达对哈丁的“反思”：

> 他展现给我们的，是一幅关于人类境况的迷人却幼稚的唯我论画卷。在智力层面上，这是让人感到冒犯和恶心的东西。真的有人可以毫不尴尬地思考这样的概念吗？不过，它确实能触动我们的某个本能层面。在这个层面上，我们无法接受自己终有一死的事实。

在表达了他对疯狂老哈丁的遗憾后，侯世达继续阐释，哈丁的洞察是从唯我论的角度否认死亡。这是一种儿时幻觉的延续，即认为“我是宇宙不可或缺的元素”。然而哈丁的论点其实是，

“我”根本不是他自己心智的一个元素，更谈不上不可或缺了。侯世达没有意识到的是，哈丁的表述包含了一个精确、经验性的指导：去寻找那个被你称为“我”的东西，不让哪怕最细微的念头干扰这个过程，并且注意，当你把意识转向它的瞬间时发生了什么。

这个故事说明了科学界和世俗社会中一个非常普遍的现象：我们有一位像哈丁一样的沉思者，在任何一个熟悉自我超越的人看来，他对这一体验的描述近乎完美；我们也有一位像侯世达这样的学者，一位对现代心智研究做出了贡献的重要人物，却把前者鄙视为幼稚。

在认定哈丁只是在犯蠢之前，你应该亲自探寻一下无头体验。

无头训练

当你凝视周遭世界时，花一点时间来寻找自己的头吧。这听上去像个奇怪的指示。你可能会想：“当然了，我看不到自己的头。这有什么稀奇的吗？”别那么快下结论。看看这个世界或看看其他人，然后试着把你的注意力放在你认为你的头脑所在的地方。比如，如果你正在和另一个人对话，看看是否能让自己的注意力朝着他目光所及的方向移动。他正在看着你的脸，而你无法看见自己的脸。从你的视角来看，面前唯一存在的脸属于另一个人。用这样的方式寻找你自己会促成视角的突然转变，就像哈丁描述的那样。有人认为，引发这种转变的另一种方式相对容易一点，只用在看着这个世界的时候想象自己没有头即可。

无论你选择什么样的方法，都不应感到吃力。它的重点不是深入内心，也不是要产生一些超凡体验。无头的风景就在意识的表层，你回眸的瞬间就能轻易瞥见。去留意整个世界在第一瞬会如何呈现，而不是仔细端详后的样子。你要么会立刻看见它，要么什么都看不见。而对这广阔觉知的一瞥只会留存一两个瞬间，随后思想就会进来干扰。只要在尽可能放松的情况下，一次又一次地重复这一瞥就好。你可以在生活中随时进行这个练习。

需要再次说明的是，无我并不是意识“深处”的一个特征。它就在意识的表面，但有人可能在多年的专念训练之后也没能辨识出它。我个人直到前文提到的尼泊尔之行后才意识到，我以前用在专念训练中的很多时间都只是在主动忽视那个我苦苦追寻的洞见罢了。

一件事情怎么可能明明就在经验的表面，却又如此难以发现呢？之前我已经用视觉盲区做过类比。而另一个类比可能会让你对注意力的微妙转换有更加清晰的认知，从而让你看到近在眼前的事物。

我们都有这样的经历：看向窗外，却忽然发现玻璃窗上有自己的倒影。那一刻，我们有两个选择，要么把窗子当作窗子，去看远处的世界，要么把它当作镜子。在这两种视角之间切换非常容易，但我们无法同时把窗子既当窗又当镜。这个转换提供了一个极佳的类比，表明了人第一次认出自我的幻象是什么体验，以及为什么看穿它需要这么长时间。

想象一下，现在你想教另一个人把窗子用作镜子。你的朋友从未见过这个效果，也对你的说法表示怀疑。你把他的注意力引向你家最大的一面窗子，尽管此时的光线条件完全可以让他轻易看到自己的倒影，他却立即被窗外的景色吸引了。他说："太美了！你的邻居是谁？这是红杉木还是花旗松？"你告诉他，你看到两个景象，而他的倒影此刻正映在他面前。然而他只注意到，邻居的狗溜出前门，冲上了人行道。每个瞬间，你都清楚地知道，你的朋友正在透过他的脸看向窗外，却丝毫没有自觉。

你也可以轻易地将他的注意力引到窗户表面，只需用手碰触玻璃即可。然而，接下来这个类比就不太适用了。很难想象一个人看了多年之后，还是没办法看到自己在玻璃窗上的倒影。但在众多心智锻炼法中，这却是极为常见的。绝大多数的心智锻炼技巧，本质上都是教人们用不同的方式透过窗户向外看，希望人们能看清外面世界的更多细节，最终察觉自己的真实面貌。想象一下这样的教导："如果你毫不分心地看着窗外那些随风摆动的树，你就可以看见自己真正的脸孔。"毫无疑问，这样的指导，反而会阻碍人们去发现明明能够直接看到的事物。

但我们总得从某个地方开始吧。然而真相是，绝大多数人都太容易被思维干扰，从而根本就无法直接看到意识的无我性。即使他们可以轻松地看见它，也不太可能理解它的意义。哈丁坦言，他有许多学生在体会到“无头”状态后，只是追问：“那又怎么样呢？”这个问题是很难回答的。这也是为什么某些心智锻炼指导者会把意识的非二元本质当成一个秘密，只传授给长期投入的学生。从某个层面上来说，要求一个人掌握基本功是非常实际的，如果没有足够的专注和专念来遵从老师的指导，学生很可能就迷失在思考中，从而什么都理解不了。不直接传授这些非二元性的知识，还有另一层目标：如果一个人没有花很长时间在二元性中追求自我超越，就很难意识到，他短暂瞥见的无我性正是他苦苦找寻的那个答案。如果一个人在接受了最高教导后，依然说“那又怎么样呢”，他也就只能继续停留在困惑之中，别无他法了。

接纳此刻，持续成长

乍一看，生活中几乎没有好事会因接受当下而发生。为了获得教育，我们必须有学习的动机；为了掌握一项运动技能，我们必须不断提高表现，战胜身体的惰性；为了成为更好的伴侣或父母，我们必须通过刻意练习来改变自己。仅仅接受自己心慵意懒、三心二意、小气易怒，还总是在浪费时间后又追悔莫及，绝不是通往幸福的路径。

然而，心智锻炼也确实要求我们完全接受当下的一切。如果你受伤了并且感到疼痛，只需一步就可以达到心灵的平静：当疼痛升起时，接受它，同时去做一切能够帮助你身体康复的事情。如果你在演讲前很紧张，那就心甘情愿地全然接受这种紧张，让它变成你身体和心智里一种无意义的能量。拥抱意识里每时每刻的内容，是训练一个人回应逆境的有力工具。然而，把接受不愉快的感觉和情绪作为一种策略，同时暗地里希望它们快快消失，与真正接受它们只是意识中转瞬即逝的表象，是截然不同的。只有后一种姿态，才能打开智慧的大门，孕育持久的变化。当我们拒绝活得像过去的自己，我们就能够更有智慧、更具同理心，生活也更加美满；但前提是，在我们奋力改变自己的时候，我们必须放松身心，接受事物当下本来的面貌。

拥抱意识里
每时每刻的内容，
是训练一个人回应
逆境的有力工具。

Embracing the contents of
consciousness
in any moment
is a very powerful way of
training yourself to
respond differently to adversity.

第 5 章

避开歧路与陷阱

Waking Up

Chapter 5

警惕良莠不齐的指导者

在心智锻炼的路上，一个人最先遇到的障碍之一，就是无法确定指导自己的老师是否可信。如果探索内心能够让人发现重要真理，那么不同方式之间一定有高低之分。而我们也可以预料，自己在这条路上会遇到各种行家、新手、笨蛋和骗子。各行各业都存在歧路与陷阱，但在心智锻炼这个领域，愚蠢和骗术可能是最难察觉又相当常见的。当你学习打高尔夫时，你可以立刻辨别出教练的水平，而教练也可以非常客观地评估你的表现，没有发挥想象力的必要。打得好不好，是显而易见的。如果你不能把高尔夫球打到目标位置，那你就要向擅长的人学习。在破除自我幻象这件事上，专家和新手的区别也很显著，但老师的资质和学生的进步过程，就很难评估了。

指导心智锻炼的老师，无论其才能是真是假，通常都能激发学生非同寻常的热忱。如果你的高尔夫教练坚持让你剃光头、每天睡觉不超过 4 小时、禁欲、只能吃生冷蔬菜，你肯定会找一个新教练。然而，当心智锻炼指导者提出这些要求时，许多学生会立刻照做。

在西方，“心智锻炼指导者”这个词会让有的人联想到邪教头目被邪教教徒众星捧月的画面，而事实证明，那样的情境可能引发许多可怕的社会畸变。在邪教社群里，我们常常看到，一群潦倒又好骗的辍学青年被一个貌似充满魅力的精神病患者统治。很难理解，在吉姆·琼斯（Jim Jones）的“人民圣殿教”、大卫·考雷什（David Koresh）的“大卫教”以及马歇尔·艾普尔怀特（Marshall Applewhite）的“天堂之门教”里，人们是怎么开始着魔，又是怎样在恐怖的剥削和危险之下维持信仰的。但这些组织无一不证明了，智力上的孤立和虐待能让哪怕受过良好教育的人都甘愿自我毁灭。

一些人宣称自己可以和死者沟通，或曾乘坐外星飞船离开地球，或曾统治过亚特兰蒂斯[①]。一些人精于教导心智的本质和人类受苦的根源，却对宇宙学和疾病成因信口开河。当我们听说一个人擅长指导他人进行心智锻炼时，我们唯一能确认的就是，有一群人非常尊重他。他们那么做的原因是好是坏，他们是否会对邻居造成危险，则取决于他们信仰的内容。

任何一个领域的老师都可能帮助或伤害到他的学生，而一个

---

① 传说亚特兰蒂斯是一个高度文明的古老大陆，在公元前一万年被史前大洪水毁灭。有关亚特兰蒂斯的最早记录出自柏拉图的著作《对话录》。——编者注

人想要取得进步、获得老师认可的愿望也可能会遭到利用，不管是以情感、钱财还是以其他方式。但心智锻炼指导者与其他领域的指导者有一重大区别，那就是他可以自称他传授的是生活的艺术，因此他的理念几乎涵盖了学生幸福生活的各个层面。除了亲子关系，几乎没有任何人际关系能够像老师之于学生一样带来如此深远的裨益或伤害。因此，自称老师的人一旦出现道德缺陷，往往令人错愕，令人深感虚伪和背叛。

信任是一个复杂的问题，因为合理教导和虐待之间是很难划清界限的。既然一个人求教于心智锻炼指导者的目的，就是暴露并戳破他以自我为中心的幻觉，那么任何一种令他不舒服的侵犯和干扰都可能被合理化为某种教育。

> 每当日本禅师俱胝在被问及有关禅的问题时，他都只是举起一根手指。有一次，一名访客问俱胝身边的少年门徒："你师傅都教些什么呢？"少年也举起了自己的一根手指。
>
> 俱胝听说了这件事，抽出一把刀，砍下了少年的手指。
>
> 少年承受剧痛，惊叫着想要跑开。俱胝叫住他。当少年转过身来时，俱胝举起了手指。少年突然就悟了。

如果砍掉一个少年的手指都能算富有同理心的教导，那么我们无法预料，一个心智锻炼指导者可能在多大程度上偏离日常的伦理规范。一个学生自我保护的道德直觉和本能，可能被说成是恐惧和执着的症状。因此，即使一个心智锻炼指导者用异常残忍或有辱人格的方式来对待学生，都可以被理解成“为你好”。这既是一个存在于文献中的理论问题，也是一个存在于心智锻炼领域的心理学问题。

基于这样的诡辩，也就难怪有许多人在与指导者的关系中受到伤害，也有许多指导者滥用在学生心中的无上权威了。这其中的伦理非常混乱。无论一个邪教头目多么疯狂暴虐，无论他被拆穿之后多么丑陋，总是有相信他的人坚称，他就是先知。想来十分惊奇，但在这个世界上确实仍有许多人相信，吉姆·琼斯、大卫·考雷什、马歇尔·艾普尔怀特是救世主。不过与此同时，无论一个指导者多么高贵完美，也总有学生认定他是一个危险的疯子，进而离开他。要是我们依据最恶毒的评论来审判每一个心智锻炼指导者，恐怕没有一个能逃脱被绞死的命运。

心智锻炼指导者这个身份特别吸引自恋又自信的人。我想重申的是，这是由心智锻炼本身的特质决定的。一个人无法假装（至少装不了太久）自己是专业体操运动员、火箭工程师或高级厨师，却可以冒充一个内心强大、通透明澈之人。冒充成功的人通常都颇有魅力，因为如果没有众多追随者，戏就演不长了。乔治·伊凡诺维奇·葛吉夫（George Ivanovich Gurdjieff）可谓行业标杆。[①]他是典型的天才骗子，吸引了一大帮聪明而成功的粉丝，包括

---

① 他可能是第一个从东方旅行一趟回来之后，就在西方世界宣称自己是“正统上师”的人。

法国数学家亨利·庞加莱（Henri Poincaré）、画家乔治娅·奥基夫（Georgia O'Keeffe）、作家J.B.普利斯特利（J.B. Priestley）、让勒·多马尔（René Dumal）和凯瑟琳·曼斯菲尔德（Katherine Mansfield）。在他的爱徒邬宾斯基（Ouspensky）的努力下，他还影响到了其他知识渊博的名人，包括赫胥黎、艾略特和杰拉德·赫德（Gerald Heard）。建筑师弗兰克·劳埃德·赖特（Frank Lloyd Wright）曾宣称，葛吉夫是"世界上最伟大的人"。这句话从赖特那么一个自恋的人口中说出，足以说明葛吉夫能够给人留下何种印象了。

葛吉夫曾经让来枫丹白露参观他别墅的人在烈日下长时间挖沟，挖好后又让他们马上填平，继续在别处挖。他本人必定极有魅力才能在如此长的时间里都没有被揭穿。我相信如果我也去传授同样疯狂的教条，还要求学生做出各种痛苦且无意义的牺牲，不出一周，我在地球上就一个朋友也没有了。

我并不是说，艰难且看似无用的工作一点儿益处也没有。想想海豹突击队吧！想要加入海豹突击队，必须通过非常严峻的资格考试。若不是候选者自愿接受挑战，那些考验简直跟酷刑无异。正是有了严苛的筛选过程，才让美国海军培养出了优秀的特战队。但这个筛选过程也很糟糕，其主要作用类似于部落里的成人礼。例如，众所周知，一些非常优秀的候选者仅仅因为运气不好就被剔除在外。他们负伤严重，无法继续训练或通过"地狱周"。在那炼狱般的五天半里，候选者要匍匐在泥沙中，进行危险的海上救援演习，还要经受体操训练、低温考验和睡眠剥夺。但通过筛选的人都获得了战胜自我的体验，而且他们可以肯定，每一个和自己并肩作战的人也经历了同样的艰难困苦。

当一个人投入心智锻炼时，他首先学到的是，没有什么事情本质上是无聊的，无聊仅仅是缺乏注意力的表现。只要给予足够的关注，就连单纯的呼吸行为也能带给人数月甚至数年的持续警觉。每一个心智锻炼指导者都知道，做苦工是测试这一领悟有多扎实的好方法。这条关于人类心智的真理也被不轨之徒利用了。记者弗朗西斯·菲茨杰拉德（Frances FitzGerald）描述了他与邪教“奥修教”头目拉杰尼西门下那些受过良好教育的弟子的一次会面，这些人中有医生、律师、工程师和教授，却都在俄勒冈的奥修社区里多年无偿地做粗活。他们看上去都很开心，估计是把这些苦活都当成战胜自我的练习了。抛弃世俗野心去做苦活，还要做得既专注又快乐，的确可以作为一种战胜自我的练习。这其中存在两个明显冲突的真相：一个人可以被剥削，也可以在被剥削的过程中学到一些有价值的东西。

但吃苦终归是要有个度的，我认为应该以自愿为核心准则。海豹突击队候选者可以随时退出，教官也会经常鼓励他们退出，故意放大他们内心的自我质疑，时不时用扩音器大吼：“你可能不具备成为海豹突击队成员的素质。”承受不住的人就会离开。这就是海豹突击队训练和酷刑之间的区别。相比之下，虚假的心智锻炼指导者常常以各种方式违反自愿原则。我不否认，真正超越自我的人，即一个彻底且永久挣脱了通常意义上的自我的人，可能会通过违反道德和文化规范的方式来帮助他的学生觉醒。但这类非传统行为中最极端的例子似乎只有在文献中才能产生理想的效果。这些闹剧的现代版本毫无智慧可言，满是妄语，只能体现指导者本人的不安全感和七情六欲。美化暴力或性剥削的古老传说，更像是一种带有文学色彩的教学手段，而不是在准确描述老师如何靠谱地向学生传播智慧。

在任何心智锻炼群体中，都很容易见到社会和心理问题。这也是自我超越这项事业自带的另一个弊端。许多人从俗世中退隐，是因为他们无法从中找到一个让自己满足的地方，而几乎所有的心智教导都可以用来强化一种病态的动力缺失。对一个从未成功过又害怕失败的人而言，批评追逐世俗成就的言论有着极大吸引力。而对一个指导者的追随，混杂着爱、感恩、敬畏和服从，可以让一个人以不健康的方式回到幼儿心态。进一步讲，这种关系的结构本身就容许指导者把学生贬低为一种智力上和情绪上的奴隶。美国著名编剧兼演员彼得·马林（Peter Marin）准确地描述了这种氛围：

> 对“完美大师”的服从——你可以听见人们内心里，为了那如释重负的叹息所深吸一口气的声音。最后，他们会获得自由，卸下身上的重担，重新成为一个孩子。不是重获纯真，而是重回依赖他人的状态，公然地、毫不掩藏地依赖。他们可以再一次被指挥该做什么，怎么去做……听众的热情如此高涨，

需求如此强烈而明显，让人无法视若无睹，无法不以某种方式产生共情。毕竟，为什么不呢？显然，有一些真相，有一些智慧，芸芸众生难以企及。显然，权威是存在的，无论是饱经风霜的旅人，还是人生导师。在某个地方，一定存在着某些真相，不像我们眼前令人失望的事实。总有一个地方，可以带我们进入一个更大的世界。我们如果要到达那里，就必须放下所有傲慢的自由意志，放下固执的小我。为什么不承认我们的无知和无为，臣服于一位有知且有为的人呢？只要我们暂时放下所有的判断，带着信任和善意去服从，他就会传授我们以真理。

与心智锻炼指导者的关系，甚至可以说与任何专家的关系，往往容易促成一种“专制”的境况。你不知道你需要知道的是什么，而这个专家可能知道，要不然你怎么会前来讨教呢！这就暗示了无可避免的等级之分。心智锻炼确实有其门道，而心智专家也确实可以帮助你意识到心智本质的某些真相。

然而，自我超越和道德行为之间的关联，并不如我们希望的那样直接。有些指导者虽然拥有真正的洞见，也有能力激发他人觉醒，却同时有着严重的道德缺陷。把这些人叫作“骗子”也不完全准确，因为他们不一定是在假装自己有深刻的领悟，或假装能够帮助他人获得同样的体验。但是，对一些资历尚浅的人而言，他们的洞见可能根本不足以弥补他们的人格缺陷。这其中产生的问题又很可能被文化差异放大。

艾伦·金斯伯格（Allen Ginsberg）曾拜一位造诣颇深的指导者为师，为方便引述，以下就暂且称其为A。A在当时吸引了美国最有成就的一群诗人。有一次，即将成为美国桂冠诗人的W.S. 默温（W.S. Merwin）和他的女友诗人丹娜·娜奥内（Dana Naone）受邀参加了为其资深学徒举办的万圣节派对。A在派对上做出了一些有违人伦的举动，让默温和娜奥内感到非常不舒服，于是他们回到了自己的房间里。A发现他们不在后，就叫一群学生去找他们并把他们带回派对。默温和娜奥内拒绝开门，A便命令学生破门而入。这个强硬举动导致了骚乱：默温，一位以和平主义著称的诗人，竟把啤酒瓶扔向攻击他的人，刺破了好几个人的脸和手臂。默温看着四溅的血迹，对自己的反常行为感到万分恐慌。他崩溃了。默温和娜奥内不再抵抗，任由学生把他们带到了A面前。

A那时候已经酩酊大醉，严厉责骂他俩“自我中心主义”，并要求他们脱掉衣服。据旁观者所说，娜奥内变得歇斯底里，并乞求围观群众叫警察。一个学生试图站出来挡在她面前。A给了这个出头鸟脸上一拳，让保镖把他拖出了房间。

不难想象，A的很多学生都把他对默温和娜奥内的攻击看作一种深刻的心智教导，是在教他们如何驯服小我。金斯伯格当时不在现场，他在之后的一次采访中评论道：“在那样的场景下喊‘报警’，你能意识到有多庸俗吗？真理正在被揭示，而她却要‘报警’！呸！什么狗屁！就该把他们那扇门捅破。”在这段采访中，金斯伯格不仅展现了嬉皮士的典型道德混乱，也暴露了传统师徒关系的核心问题。从后果来看，A 的狂野行为无论是对他自己，还是对他的学生，都很难说是心智提升的产物。

在 A 这样的人身上，我们看到的是一颗不知耻的心。这可能是一件好事，前提是他碰巧致力于为他人谋福祉。但羞耻有着重要的社会功能：它使我们不像野兽一样行动。相信自己就是完美的，就像开着一辆没有刹车的车，如果你从来不需要减速或停车，那就没问题，否则就会是一场巨大的灾难。在 A 的教导中，他多次明确地表示，自己可以活在世俗的道德规范之外：

> 如果我们能够完全开放，毫不自我审查，只是完全开放地、如其所是地讨论所有状况，那么我们的行动就是纯净的、绝对的、高尚的。一个常用的比喻是，圣人的行动就像是大象的行走。大象从不着急，它们只是慢慢地走，坚定地穿越丛林，一步又一步，一直向前。它们从来不摔倒，也不会走错。

A 所描述的自由状态和毫不费力的善意，显然符合一些人的经验，也符合其他人对这些人的印象。但领悟是一回事，绝对正确又是另一回事。说一个人不可能犯错，就足够引起我们伦理上的担忧了，无论他获得了多么高深的洞见。我们都知道大象常常跌倒，甚至溃败逃窜，而在这个过程中，也会害人害己。

一个人的眼神是一种强大的幻象，会让人误以为能透过它看

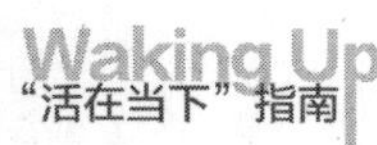

到其人的内心世界。这个幻象是十分逼真的，但它终究只是幻象。当我们直视另一个人的眼睛时，我们似乎能看见意识之光透过他的双眸，向外闪闪发亮，或许是喜悦之情，或许是明断之力。但每一次情绪和性格的变化都并非来自眼睛，而是来自眼部周围的肌肉。甚至一个人还活着的基本信号，都是由这些肌肉传递的。如果一个人的眼睛似乎透着疯狂或疲惫，那其实是眼轮匝肌的问题。而如果一个人的眼里散发着经年智慧的光芒，那也不是因为他的眼神，而是由于他使用眼睛的方式。然而，这是一个非常强大的错觉，而在这个错觉的影响下，人们的确可以通过目光来传达内在的主观体验。因此，保持眼神交流也可能是一种"精神表演"，一种冒犯人的矫饰。很多人紧锁目光，不是因为他们拥有开放而好奇的态度，或试图展现开放性和好奇心；他们只是在用一种好胜而自恋的方式来宣示自己的统治地位。心理变态的人往往就极度擅长眼神交流。

无论背后的动机是什么，坚定的眼神的确可以带来强大的力量。许多读者都知道我在说什么，如果你想亲眼看看一个人的眼睛可以传递出多么坚毅的威严感，留意你的周身吧，这样的例子在现实中比比皆是。

我坦白，我人生中有那么一段时间，也就是在我刚开始关注心智锻炼的时候，我变成了一个讨人厌的家伙。无论我走到哪里，无论在与人谈论什么，我都直勾勾地盯着我遇见的每一个人，仿佛他们是我失散已久的爱人。毫无疑问，许多人觉得我这样做猥琐得不是一丁点儿。还有人觉得我是在故意挑衅他们。不过，这也促发了我和一些陌生人之间的无比美妙的交流。一段时间后，就有人彻底对我着了迷，而他们跟我的交集仅仅是一场谈话而已。倘若我再叫卖一些安慰人心的哲学，且热衷于聚集一帮学生，我估计也能成一点儿事。我肯定是窥探到历史上许多冒充“大师”的人走的那条捷径了。

有意思的是，当一个人在这种模式下时，他可以很快认出所有在下同一盘棋的人。屡次，我的眼神和屋子里另一个人的眼神相遇，突然我们就开始玩“狭路相逢勇者胜”的游戏：两个陌生人持续盯着对方，时间长到我们的基因或者文化教养都觉得不太合适。这个游戏你只要玩得够久，就总会有一些非常奇特的际遇。

我不记得自己是在什么时候决心改变的，反正我再没那样做过。然而，一个人的眼神交流是什么类型，依然是值得注意的。如前所述，一个人之所以会在他人的注视下产生不舒服的感觉，正是因为他感觉到了自我。因此，和一个人一起对视着练习专念，是非常有效的练习。当一个人战胜了自己对凝视他人眼睛的抗拒时，自我意识的缺席也就变得尤其明显了。

眼神接触训练

① 和你的同伴对坐着，盯着对方的眼睛。（根据两人的距离，可以选择只盯一只眼睛。）

② 继续紧紧锁住对方的目光，不能讲话。

③ 忽略笑声和其他不舒服的信号。

这个练习可以和本书中讲到的其他技巧一起使用，尤其是专念训练以及无头训练。

目睹那些所谓的“高人”和他们的追随者一起制造的灾难，是一件令人惊愕的事，但它有时候又很滑稽。在我的第一本书《信仰的终结》里，我记录了这样一个例子：

> 我认识一群多年追寻心智提升的人，他们在喜马拉雅山的岩洞和山谷里苦苦寻找数月，终于发现了一位印度瑜伽师，他看上去似乎有资格引领他们进入永恒之境。他骨瘦如柴，像猩猩一样敏捷，及膝的长发乱蓬蓬地披散着。他们立马把这位大师带回美国，请他传授修行之道。在一段时间的文化适应后，这位禁欲大师宣布，他要与自己学生的妻子之中最美的那一位发生性关系，因为这样才最能达到教学目的。碰巧，他的身材和击鼓时的优雅姿态也颇受崇拜。于是，这样的关系很快就开始了，也持续了一段时间。不得不说，那位学生对妻子和大师的忠心也在经受着痛苦的考验。他的妻子，非常热情地参与了这个练习，因为这位大师既是完美的智者，又是勇猛的情郎。渐渐地，这位大师修订了他的要求以及他的胃口。有一天，他突然要求早餐除了缀着腰果的哈根达斯香草味冰激凌，什么也不吃。我们可以想象当那位献出妻子的男人恍惚地走在超市的冷冻食品区，为大师寻找餐点时，他脑中一定满是虔诚的信念。最后，这位大师很快就连同他的鼓一起，被送回了印度。

早餐只吃冰激凌，已经能说明一切。然而，就像在任何其他领域一样，在心智锻炼的道路上，我们需要比自己更有成就的人来指导我们。只是他们是否真的大有成就，并不总是那么明显。心智锻炼这个主题本身，加上老师和学生之间的距离，为自欺欺人创造了完美的条件，也使得信任可能被错放或被滥用。然而，只要有一点点运气和分辨力，我们就完全可以避免这些问题，同时接受到比我们更有智慧、更有经验的人的教导。

我的亲身经历就是一个并不少见的例子。我在 20 ～ 30 岁期间，曾跟随许多老师学习，但我跟他们的关系没有一段会让我回想起来觉得难堪，我也不会认为哪个老师不值得推荐。我不知道应该把这称作幸运，还是我在追随过程中始终有一条严防死守的底线。传统上，一个人会被告诫说，你的指导者是完美的。我承认，我永远无法认真对待这一训诫，除非“完美”是用在别的语境下，例如，意识本身在某种意义上就是完美的，或是我也有可能完美地悟到意识的自由本质。无论我的老师们多么厉害，他们无疑只是人类，也会像普通人一样，受制于文化偏见和身体衰亡。

例如，当帕帕奇替他的侄女征婚时，他的做法并没有比普通人更睿智。他也不过是在当地报纸的单身交友栏刊登了侄女的照片，还付钱给摄影师把她的皮肤调白了一点。这一行为在当地是普遍存在的，也被视为完全正常。然而，在我眼里，这根本就是一种虚伪，是对深色皮肤的贬低，是赤裸裸的偏见。我只能说，要么提升心智并不能完全清除人们脑中的文化残渣，要么帕帕奇还没有达到完全的自我超越。无论是哪种情况，我都无法把他对婚姻问题的解决方案视为“完美”。

我亲眼见过的和我远程求教过的老师彼此之间可以说层次悬殊。他们中有很快就被我识破的骗子，也有聪明却有瑕疵的老师，还有许多老师虽然只是凡人，却拥有无尽的善意和通透的心智，近乎完美地说明了心智锻炼的种种好处。最后这类人显然是值得来往的，人们自然都希望认识他们，但第二类老师也能帮我们不少。有的老师留下了一些负面影响，他们的不当行为让“心智锻炼指导者”这个头衔本身的可信度都大打折扣，但他们的确是天赋异禀之人。这些人中，许多有大量的无脑追随者，拥有极大权力，由此腐化堕落。有些人开始相信有关他们的种种传说，有些人则荒唐地夸大自己。大家请留心！

有一些明显的迹象，可以让你看出对方不值得信任。有说谎和欺骗的前科，应被当成致命伤，所以约瑟夫·史密斯（Joseph Smith）、葛吉夫、罗恩·哈伯德（Ron Hubbard）这些人完全可以忽略不计。对数字的过度狂热也是一个不祥之兆。数学的确神奇，但把数学当作魔法一样崇拜，就是迷信了。无疑，数字命理学就是人们智商降为零的地方。预言是指导者行骗或发疯的鲜明征兆，也能说明其学生的愚蠢。虽然人是可以通过科学数据或技术手段来做出推算，但大部分的详细预测都会在未来到来时以尴尬收场。要是有人充满自信地告诉你 2027 年世界将会怎么样，那一定都是痴心妄想。自称能看见一些看不见的东西，无论是从墓地里还是从其他星系发来的信号，也只能落下笑柄。杰西奈（J.Z.Knight）宣称，有一个 35 000 岁的精灵叫“蓝慕沙”，而自己是她的传话者。这就是一个典型的骗子，千万不要拜她为师。如果哪个人说自己通过法术影响了世界局势，你也不用继续跟他聊了。斯瑞·奥罗宾多（Sri Aurobindo）有个搭档，被称作“母亲”，他们公然宣称自己曾通过灵力影响了第二次世界大战的结果。既然这样，为什么他们没有快点儿结束战争且为此负上道德责任呢？这已经足够说服我们，奥罗宾多那些冗长而晦涩的书都不用读了。

通常，如果一个指导者有任何一种骗人的迹象，你就该头也不回地远离他。然而，你也要容许一些因为文化差异而造成的无伤大雅的谎言。有一次，我的老师宣布，某一天我们要进行严格的素食。那天午饭后，我进入他的房间，发现他正在偷吃锡箔纸包着的牛排。这位精力矍铄的老者一看见我，就把锡箔纸卷成一团，塞给他的妻子，简直像是一记漂亮的传球。他妻子紧接着把那团牛排扔到房间另一头。它撞上一个壁橱，发出砰的一声闷响。不消说，我们都在这一连串的“阴谋诡计”之后捧腹大笑。这并不是那种操纵学生、树立权威的骗局。这位老师完全没有文过饰非、自我抬举，单是拥有这一品质，就足够弥补其他过错了。

尽管有人想象完全脱离自我的幻象，并拥有千里眼等奇迹般的力量是可能的，尽管我仍然期待看到超能力的证据，但既然它们至今未能在实验室环境下得到准确呈现，那么它们很有可能根本就不存在。这些现象的研究者称，现有数据表明，所谓的超能力不过是数千次试验中的偶然误差。然而，相信自己的指导者有超自然力量的人并不会想到这些统计学结果。他们相信，某个人就是可以准确读出他人的心思、治疗疾病，并施展某种魔法。我还从未见过任何证据，能把这些超能力以可信的方式展现出来。要是一个地球人能够掌握如此之强的能力，那么要在实验室里展现它也应该是极为容易的。在这一点上，许多人仍然会被老生常谈所蒙蔽。比如，“别人要你展示能力你就展示，是不符合原理的”，甚至“要求看到实际证据的愿望本身，就是一种不应有的怀疑”。如果一个人不相信这是胡扯，那么等待他的，就是一辈子的愚蠢和自我欺骗。

但一个人不需要相信超自然力量，也可以穿透自我的幻象。要实现完全的自我超越，本就是一件极为困难的事。我从未见过谁能够完全做到。我曾经跟随许多据称能完全超越自我的人学习，他们中有一些甚至也会明确宣称自己已经完全超越了自我。但依我所见，这并没有为他们的教导增添任何价值，反而多了一份令人分心的故作姿态。无论一个人是否真的可能拥有永久的自我超越体验，让学生坚信老师已完全超越自我其实并没有必要。一旦老师的言行中显示出愚蠢的迹象，学生对老师的信任就会动摇。

我相信，我们能从某些失败的心智锻炼指导者及其病态的追随者身上学到很多教训。他们所展现的丑态足以败坏所有师徒关系的名声，然而，这就像婚姻：失败的婚姻或不值得羡慕的婚姻是随处可见的，只有极少人能不辜负婚姻制度的期望。如果专注于家庭的不幸，一个人可能会轻易下结论说，婚姻这个概念本身就是有问题的，人类应该找一个更好的方式来安排生活、养育后代。我想这个结论就有点草率了。我知道，很多人在长时间跟随老师学习的过程中获得了巨大的成长，包括我自己。

所有这一切都可能引发你的担忧：超越自我是不是一个错误的理想？真正的自由可能实现吗？任何一个有经验的心智锻炼者都知道，短暂的自由一定是有可能获得的，而随着练习的加深，这些瞬间也会变得更频繁、更持久。因此，我认为一个人是完全有可能消解自我这个幻象的。不过，仅仅是在下一个念头产生前，纯粹作为意识而定静一小会儿的能力，就能大幅缓解精神痛苦。我们不需要走到终点，就能在途中收获种种益处。

拒绝伪科学

在心智锻炼的领域里待久了，就很容易遇到沉迷于濒死体验的人。这个现象被描述为：

> 通常伴随着一阵阵平静和快乐；感觉自己脱离了身体，只是看着身体周围发生的事情，甚至偶尔能看到远方的事件；痛

> 感停止了；看见一个黑色的通道，或是虚空；看见一束特别明亮的光（有时被称为“存在之光”），它散发着爱，可能会用语言或其他方式跟人交流；遇到其他存在，通常是自己认识但已经去世的人；体验到记忆重现，甚至速览了一生，有时会伴有审判的感觉；看见了“另一个世界”，大多是无与伦比的美丽；感觉到了人类无法超越的障碍或边界；最后，不太情愿地回到了自己的身体里。

这些描述让很多人相信，意识一定是独立存在于大脑之外的。然而，这些经验在不同文化环境下大不相同，也看不出什么共性。如果一个非物质领域真的存在，那么一定存在一些普世特征，不同地域、不同信仰之人的濒死体验就不应大相径庭。可事实却正好相反。让濒死体验的热衷者同样苦恼的是，在医院濒临死亡的人中只有 10% ～ 20% 能够记起任何体验。

对濒死体验草草下定论的人面临的最大问题是，有过濒死体验且事后能谈论它的人并没有真正死去。事实上，他们中有许多人甚至都没有遇到致死的危险。而真正经历过紧急抢救并声称自己有出体经验的人，其实并没有完全丧失大脑功能。即使一个人完全丧失了大脑功能，他也必须先恢复大脑活动，才能存活下来，才能描述他的经验。在这些情况下，“濒死体验发生在大脑离线后”这个说法，是完全站不住脚的。

许多研究濒死体验的人声称，一些人离开了自己的身体，还知道他们将死之时身边有多么混乱：他们看到医护人员的奋力抢救、手术的具体细节，还有悲痛的家属。一些人甚至说，他们出体后才得知了原本不可能知道的事情，比如一个死去的亲戚告诉了自己一个秘密，之后这个秘密得到了证实。这类说法看上去都特别像自我欺骗，甚至像有意欺诈。然而，还有另一个问题：即使这些是真的，这样的现象也顶多说明，人类心智可能有超感官觉知的能力。这将会是一个令人震惊的发现，但它依然无法说明死亡之后还有“生命”。为什么呢？因为大脑的参与是这些经验形成的必要前提，除非我们可以证实，在此过程中，大脑确实没在运转。

要证实“心智独立于大脑存在”这个说法，我们就必须找到一段与大脑活动无关的经验。常常有人声称，某段濒死体验符合这个要求。在文献记载中，最有名的个案之一是一位名叫帕姆·雷诺兹（Pam Reynolds）的女士。她经历了低体温心脏骤停，身体温度降到 15.5 摄氏度，心跳停止。这发生在一场手术中，当时，为了移除她头盖骨底部动脉里一个很大的动脉瘤，医生阻断了流向她大脑的血液。雷诺兹说，她经历了一次非常典型的濒死体验，且对自己手术的细节全都有意识。

然而，她的故事也有些问题。雷诺兹在濒死体验中看到的事件，要么发生在她“医学死亡”之前，要么发生在她大脑恢复供血之后。换句话说，尽管她能讲出手术细节这点的确惊人，但我们有理由相信，雷诺兹的大脑在这些体验发生时仍然是在运转的。此外，她的案例在发生好几年后才被发表，而作者迈克尔·萨博姆（Michael Sabom）博士是一个信仰重生之人，他花了数十年时间来证明濒死体验的超自然意义。这其中的实验者偏见、对经历者的心理暗示、错误记忆的痕迹显而易见。

一例受到广泛关注的濒死体验上了《新闻周刊》（*Newsweek*）杂志的封面，所刊登文章中提到的案例有一个新奇之点：它的主角埃本·亚历山大（Eben Alexander）是一名神经外科医生，因此读者会假设，他有能力对自己的经验做出科学判断。亚历山大还写了一本描述其濒死体验的书，该书出版后立刻成了畅销书，取代了之前 10 年最畅销的另一本描述濒死体验的书，后者写的是一个 4 岁孩子的濒死奇遇。

不出所料，对于脱离了大脑的牢笼之后等待人们的是什么，两本书的观点并不相符。尽管亚历山大的描述很动人，他并没有告诉我们神灵骑着彩虹色的马，也没有说死后的孩子在天堂里仍然要做家庭作业。在我写作本书的时候，亚历山大的书仍然在《纽约时报》平装书畅销榜上排名第一，它已经上榜 56 周了。“濒死体验”这个词的发明者心理学家雷蒙德·穆迪（Raymond Moody）说，亚历山大的描述是“我在 40 多年来对这一现象的研究中所听过的最令人震惊的事。他是死后生命的鲜活证明”。让我们一起来看看这个令人震惊的故事。

从前，一位名叫埃本·亚历山大的神经外科医生因为感染了细菌性脑膜炎而陷入昏迷。尽管躺在病床上不能动，他却体验到了极为震撼的美景，而这一体验改变了一切，不仅改变了他，也改变了其他所有人以及整个科学界。根据亚历山大的描述，他的经验证明了：意识独立存在于大脑之外，死亡只是一种幻觉，而天堂确实存在。那里不仅有人们所熟知的天使、云彩和已故亲人，还有蝴蝶和乡村装扮的美丽姑娘。亚历山大说，人们目前对心智的理解"已经摔碎在脚边了"，因为"在我身上发生的一切摧毁了它，而我打算用我的余生来寻找意识的真相，并尽力向其他科学家和普通民众说明，我们不止，远远不止是生理大脑这么简单的存在"。

在继续行文之前，我想要声明的是，与许多科学家和哲学家不同，我在意识与物质世界的关系这个问题上持不可知论。我们有理由相信，意识只是大脑活动中涌现的一种属性，正如人类心智的其他部分一样。然而，它究竟是如何涌现的，我们仍一无所知。如果意识是不可还原的，甚至哪怕意识真的可以与大脑分割开来，我的世界观还是不会被颠覆。我知道人类并不了解意识，而没有什么已知事实会让我否认这一点，不管是科学还是信仰。因此，尽管我是一个无神论者，有人会期待我批评信仰，但我却不会条件反射式地对亚历山大的论述怀有敌意。我的心态是开放的。

然而，亚历山大的描述中几乎没有任何经得起检验的部分。鉴于他声称自己是一名科学家，这就尤其危险了。他的许多错误是明显且无关痛痒的。比如，书中，他误写了人类大脑神经元的数量，只有实际数量的 1/10。然而，还有些错误对他的论述完全是毁灭性的。无论亚历山大拿过什么资质证书，他对他的昏迷经历的描述都完全欠缺知识分子的清醒，也毫无严谨可言。若不是数百万人都在阅读并相信他那本书，我根本不会翻开它。在我理性接触心智锻炼的道路上，最大的障碍之一就是许多人把迷信和自欺欺人装扮成科学。因此，我们有必要仔细考察亚历山大这个例子。

种种令人生疑的迹象都表明，这位好医生也只是狂热信仰的又一受害者，因为虽然他宣称自己在昏迷之前并没有信仰，但他在书中这样描述自己：

> 尽管过去我认为自己是一个虔诚的信徒，但那也只是徒有其名，我没有实际信仰。我深深理解那些相信神在某处无条件地爱着我们的人。我嫉妒他们在这些信仰中定会获得的安全感。但作为科学家，我会比简单相信这些，知道得多一点。

身为“虔诚的信徒”却“没有实际信仰”，这是什么意思，亚历山大没有细说。然而他的科学怀疑主义无法与他的信仰兼容。我们接下来会看到，让亚历山大转变心意的契机是一次骑在迷幻蝴蝶身上的旅程。在这个例子中，我们应该警惕的不是对美的感受，而是亚历山大在解释他的经历时完全丧失了知识分子的严肃性。

亚历山大的所有论述都是建立在他一再重申却毫无根据的论点上的，即他对天堂的一瞥发生在他的大脑皮层“断线”“不活跃”“完全停机”“彻底下线”“昏睡至完全不活跃状态”时。他宣称，皮层活动的停止“显然是由于持续且严重的脑膜炎引起的，从全脑 CT 照片和神经检测中可以得到验证”。在他的编辑看来，这或许听上去很科学。

然而，亚历山大所提供的证据，无论是在他书里的，还是在诸多采访中的，抑或在回应我对他的公开批评时的，都表明他根本不知道什么样的证据才能有效证明他的核心论点，即大脑皮层不活跃。他提供的证据要么纯属谬误（CT 扫描并不能检测大脑活动），要么毫不相关（他的脑膜炎是“天文发现般罕见”的类型，这跟大脑皮层一丁点儿关系都没有）。而不靠谱、不相关的证据，无论怎么组合，都不可能累加成严谨的科学。亚历山大没有提供任何来自功能性磁共振成像（fMRI）、正电子发射计算机断层显像（PET）或脑电图（EEG）的有用数据。他似乎也没有意识到，只有这类证据才能支持他的理论。我们难以认真对待亚历山大的说辞，简单来说，就是因为没有任何理由让人相信，他经历濒死体验的那段时间里，大脑皮层是不活跃的。而亚历山大却认为，自己已经拿出了铁证。他不断强调自己病得有多么严重，他所染上的大肠杆菌脑膜炎有多么罕见，以及他的第一份 CT 扫描出的病情有多严重。这些都说明，他故意忽略了对这段经历最实事求是的解释。

显然，亚历山大的大脑皮层如今恢复运转了，毕竟，他已经写了一本书呢！所以，无论 CT 上显示的结构性损坏是什么，它都不可能是“全脑性”的。否则他就得说一些疯话来圆谎，比如自己的大脑完全被摧毁了，而现在又重新长了回来。在任何情况下，昏迷都与大脑皮层活动完全停止没有关联。事实上，神经成像研究表明，昏迷的病人，比如做了全麻的病人，依然有 50% ～ 70% 的正常大脑皮层活动。况且，据我所知，几乎没有人认为，意识纯粹是发生在大脑皮层里的。

为什么亚历山大会不知道这些事实呢？这位神经外科医生如今坚称，他的科学世界观被颠覆了，因为他在大脑皮层完全停止活动时体会到了生命中最美好的一天，还有天使为伴。就算他的整个皮层确实断线了（再次强调，这句话是不靠谱的），他又怎么知道，他所看到的那些画面不是在大脑功能恢复后的几分钟或者几小时内产生的呢？亚历山大记得自己的濒死体验，这恰恰说明了形成记忆所必需的皮层和皮层下结构在那期间必然是活跃的。否则，他怎么能回忆起当时的经验呢？

亚历山大不仅对相关科学熟视无睹，他甚至没有意识到，有多少人在致幻剂（如二甲基色胺）和麻醉剂（如氯胺酮）的影响下也看到了类似的景象。事实上，他曾说，谁要是说大脑在药物作用下的体验和他的濒死体验有任何相似性，简直就是“根本没在同个球场”。然而，在一段采访中，他这样描述他的濒死体验：

我化成了蝴蝶翅膀上的一个小斑点，被成千上万只蝴蝶围绕着。我们飞过树上盛开的花朵，所有鲜花争相开放……瀑布、池塘、无法描述的颜色。它们的上方是金色和银色的弧光，从光里传来了优美的吟唱，那是无法用语言形容的优美乐曲。后来我把这天空中美妙的弧光叫作“天使”。我想，这个词或许是相当准确的。

然后我们去到了宇宙之外。我记得，我只看到万物都在后退。一开始，我感觉自己的意识处在无尽的黑暗和虚空中。我感到舒心，却又能体会那无穷无尽，那是无法用语言来形容的。陪伴我的，是一道明亮的光环，是一种无上的存在。我无法看到它，也难以描绘。

它们说，有很多东西要给我看，也不断把惊喜呈现给我。整个高维度的多元宇宙其实是一个无比复杂的、起褶皱的球，而我正在学习关于它的一切。其中一点就是，我就是眼前这一切，而这一切真是太难描述了。

“根本没在同个球场”？他的经验听起来像极了二甲基色胺作用下的致幻之旅，两者不仅在同个球场，简直就是同个橄榄球上的同根缝合线。亚历山大在他的经验中所描述的所有事情，包括我没有节选的部分，都有二甲基色胺使用者描述过，二者的相似度高得出奇。

亚历山大相信，他的大脑不可能制造出这些景象，因为它们都太“激烈”、太“超现实”、太“美丽”、太“生动”了，其意义大到不可能被大脑创造出来。他也相信，他看到的那些景象不可能在他的大脑皮层恢复正常的几分钟或者几小时内出现，尽管事实上他的大脑皮层根本没有断线过。他完全忽略了普通人的健全大脑在致幻剂的影响下也会有类似体验。他似乎也并不知道二甲基色胺使用者所描述的景象尽管看上去像是经历了沧海桑田，却只需极短的生物时间便可发生。和长效致幻剂不同，二甲基色胺只会让意识发生几分钟的变化。亚历山大从昏迷中醒来的时间，已经长到足够让他产生那些迷幻的狂喜了。

亚历山大知道，二甲基色胺本身就是大脑中存在的一种神经递质。在昏迷中，他的大脑是否只是经历了二甲基色胺的激增呢？在他的书里，他又一次用他站不住脚的论点来否认了这个可能性：二甲基色胺需要大脑皮层的运转才能起作用，然而他的皮层“无法受到影响”。在某些手术中，医生会用氨胺酮麻醉剂来保护受损的大脑，其患者也有可能产生类似体验。亚历山大在医院时，是否刚好被注射了氨胺酮呢？他是否接受了其他的低剂量麻醉剂，从而产生出一连串类似的效果呢？如果他真的被麻醉了，他是否会认为这是一个重要因素？他声称，像二甲基色胺之类的致幻剂或氨胺酮之类的麻醉剂“无法解释他所经历的那种清晰感、那种丰富的互动，以及一层又一层的领悟”，这句话可能是他从“另一个世界”回来后说过的最惊人的话了。众所周知，这些化合物都可以解释这类经历。而绝大多数科学家相信，既然亚历山大有了致幻反应，那就证明大脑至少参与了其幻觉的制造。

亚历山大所说的关于“死后世界”的知识，同样基于相当可疑的验证方法。当他昏迷时，他看见自己身边有一个骑着蝴蝶的美丽女孩。我们从他书中了解到，他花了几个月来重新回顾和整理这些经验，写作、思考、挖掘新的细节。我们很难想象除此之外还有什么更好的方法可以让人构筑一段扭曲的记忆了。

亚历山大还告诉我们，他有一个自己从未见过的亲生姐姐，在他昏迷之前，就已经去世多年。当他苏醒后，他第一次看见姐姐的照片，他断言这就是和他一起骑蝴蝶的女孩。为了证实这一点，他向自己的亲生父母打探了更多信息，了解到这位死去的姐姐确实是一个“非常有爱”的人。证明完毕。

我在本书中已反复强调，我花了很多时间来研究和探寻亚历山大所描述的这类经验。我很幸运，没有染上过脑膜炎，也没有过濒死体验，但我确实体验过一些现象，这些现象常常会让人开始相信超自然。比如，前文提到，我曾跟随尼泊尔的一位老师进行心智锻炼。在踏上旅途之前，我梦见他教我心智的本质究竟是什么。这个梦让我倍感震撼，原因有二：第一，这些教导对当时的我来说十分新颖，也颇为受用，和我之后理解到的正确教导是完全一致的；第二，我从没见过那位老师，也不记得自己曾看过他的照片。这发生在我开始上网的至少 5 年前。我还记得我为了对比梦境与现实，到处去找他的照片都没能找到。但既然我很快就要亲眼见到他了，我可以亲眼确认他是否真的曾经出现在我的梦里。

先说说梦里的教导吧。老师先问了问我是谁。我告诉他我的名字，但这并不是他想要的答案。

“你是谁？”他又问了一次。他牢牢地盯着我的眼睛，伸出一根手指，指着我的脸。我不知该说些什么。

“你是谁？”他又问了一次，继续指着我。

“你是谁？”他问了最后一次，但突然把目光和手指都移开了，好像他是在对着我左边的人说话。这个动作很吓人，因为据梦里的我所知，只有我们两个在交谈。他指向的是某个不在场的人，而我忽然悟到一个道理。我后来才知道，它正是有关心智本质的一个重要真相：从主观角度来说，存在的只有意识和意识的内容；一个有意识的内在自我并不存在。那种自己仿佛在由内向外看世界的感觉，是一种幻觉。在梦里，那位老师解构了这种自我感，在那短暂的一瞬间，把它从我的心智中删除掉了。醒来后，我坚信自己瞥见了一些非常深刻的东西。

在我去到尼泊尔之后，我见到了那位老师引人注目的身影，当时他正坐在上座，教导着数百名学生。让我震惊的是，他看上去真的很像我梦里的那个人。然而，更明显的是，我并不知道这个印象是否真实。毫无疑问，相信某些神奇的事情发生了，相信我就是万里挑一的那个得到超个人经验启蒙的幸运儿，确实更有趣，然而这种信念的诱惑力只会让我把证明它的标准调得更高，而非更低。即使那时候我还没有受过正规的科学训练，我也知道人类的记忆在这种情况下是不可靠的。对于那熟悉的感觉，我应该下多少赌注呢？我是否真的能够精确回忆起我在梦里见到的那个男人的脸，还是我的想象力会参与重塑这个形象？这种似曾相识的经验只能证明，一个人曾经经历过某事的感觉可以混进真正的回忆里。我在探索心智的过程中接触到许多人，他们都太热衷于用这种经验来欺骗自己，而我并不想模仿他们。出于这些考虑，我不相信那位老师真的出现在了我的梦里，我也不会试图把这种经验当成超自然力量真实存在的铁证。

我想请读者把这种态度和亚历山大余生在无知群众面前很可能显示出的态度做一番对比。我们两个人的经历在结构上是相似的：我们都有机会把梦境或幻觉中看到的一张脸与物理世界中的一个人（或一张照片）进行对比。我意识到这是个不可能完成的任务，而亚历山大则相信，他已经完成了科学史上最为重大的发现。

再次强调，亚历山大的经验本身并不是批评的对象。他的体验让我们了解到，人类的心智可以感受到多么美好的事物。问题在于，亚历山大从中得出的结论都是基于明显的逻辑错误和对相关科学的误解。而他还不断提醒大家，他是一名科学家。

亚历山大的言论受到了热烈的追捧，这一事实揭示了人们对科学权威的理解通常是糊涂的。我对他的质疑受到了很多批评，但这些批评大都集中在亚历山大无可挑剔的科学背景上。然而，在讨论证据和论点是否有效时，重点从来都不是一个人是否比另一个人的资质更硬。资质只能粗略地显示一个人可能知道什么或者应该知道什么。如果亚历山大给他的经验下了科学理性的结论，那么就算他不是神经科学家，也会被认真对待。他完全可以是哲学家，甚至是煤矿工人也没问题。但他并没有像科学家那样思考，所以，哪怕他拿了诺贝尔奖，也不能让他免受批评。①

这就是这类报道的核心问题。太多人沉迷于濒死体验，并把它解释为死后仍有生命的证据，以至于本应该坚守科学推理的人也把自己更严谨的判断力扔出了窗外。其实，无论死后会发生什么，我们都有理由在活着的时候进行心智锻炼，实现自我超越，而无须假装知道我们并不知道的事情。

这一章的内容，带我们在悬崖边缘溜了一圈。毫无疑问，无论是求教一个心智锻炼指导者，还是站在死亡的门槛上，都可能让人头晕目眩、产生幻觉，但同时又可能开阔一个人的视野。

---

① 神经外科医生和神经科学家的基本区别或许可以解释亚历山大的某些错误。比较这两个专业，你就很容易明白它们的差异：如果我们给一个神经科学家一副钻头和一把手术刀，让他给一个活人进行开颅手术，那结果肯定会很恐怖。从神经科学的角度来看，亚历山大的表现比这场手术好不到哪里去。他肯定已经杀死了那个患者，却还不肯停下钻头。事实上，他可能已经扼杀了《新闻周刊》，因为在发表了他的文章之后，这本杂志就宣布不再继续发行印刷版了。

这样的体验带来的感悟一定是不科学的吗？回顾你的知识储备，认真观察你和他人的谈话，你就会发现，以证据和逻辑来对世界做出合理解释的领域，与科学并没有明显的分界。当解释和论证方法是实验或数学推理时，我们就倾向于说它们是“科学的”；当探讨的是更抽象的议题或关于思考本身的时候，我们常常说它们是“哲学的”；当我们仅仅想要知道过去的人做了什么，我们会说它们是“历史的”或是“纪实的”。

如今，知识分子的学科界限大抵是由高校的预算和教学楼分区决定的。意大利都灵的裹尸布[①]是中世纪的伪造物吗？显然，这是一个历史学和考古学的问题，但放射性碳元素检测法又让它成了化学问题和物理问题。我们应该关心的真正区别是：一个人是基于充分的理由来形成信念，还是满足于漏洞百出的说辞。心智锻炼也要求我们坚持这种智识上的诚信。

一旦你理解了意识的无我性之后，心智锻炼就只是不断熟悉它的一个途径罢了。在此之后，你的目标就是不要再忽视这个事实。吊诡的是，要熟悉这个简单的真相，仍然需要自律，而自律就是在余生中不断地从自我这个梦境中醒来。我们不需要任何信仰就可以做到这一点。

无论生活是否经过检验，意识都是它的基础。意识是可以被

---

① 据说，耶稣在十字架上被钉死之后，尸体就是用这块布包裹、下葬的。——编者注

意识是可以
被观察到的一切，
而它也正在观察着一切。

Consciousness is all that
can be seen
and that which does the seeing.

观察到的一切，而它也正在观察着一切。无论你经历了多少岁月，无论你对世界有多少了解，你都一直在意识及其变化里徜徉。那么，何不直接探索意识本身呢?

结论

心智决定人生

快乐和痛苦，无论多么极端，都是心理事件。心智依赖于身体，而身体则依赖于这个世界，但任何发生在你生命中的好事和坏事都必须显示在意识里才有意义。这一事实给你提供了一个绝好的机会，让你在最坏的情形下都能看到最好的面向，而改变看待世界的方式就相当于改变世界。但同时，这一事实也能让你痛苦不堪，即便你拥有令你快乐的全部物质和社会条件。在你的一生中，你的心智都在决定你的生活质量。

心智和身体一样，都会受限。身体的极限是非常明显的：我只有这么高，不会再长一厘米；我只能跳这么高，不能再高了；我看不见背后的东西；我的膝盖会疼。而我心智的界限也同样明显：我一句韩语都不会说，我不记得在2011年的今天我在干什么，也不记得但丁书里的最后一句话，甚至记不起今天早上我对妻子讲的第一句话。尽管我可以调整我的情绪和注意力，但只能在非常小的范围内。如果我累了，我会瞪大眼睛，努力打起精神，但我无法彻底驱除疲惫的感觉。如果我有些郁闷，我可以通过快乐的想法让自己开心起来，我甚至可以通过回想快乐是什么感觉来直接体会到快乐，比如在心里刻意微笑，但我无法重现我所经历过的最快乐的时光。我心灵和身体的一切，似乎都承载着过去的重量，但我就是我现在的样子。

然而意识却不同。它完全没有形状，因为任何可以给它形状的东西，都必须在意识之内升起。意识是那道让心智和身体的轮廓得以显现的光。它觉察着快乐、悔恨、愉悦、绝望等情绪。一时间，它看似变成了这些情绪，但实质上，它永远不会变。每个人都可能认清这一点，因为每个人都可以直接体验到，意识从来都不会被它所知的事物提升或损害。一次又一次地发现这个事实，正是心智锻炼的根基。

如上一章所述，我们没有任何理由相信，心智独立于大脑之外。然而，有些科学家对意识所持的鄙夷也是未经检验的。他们认为，只能从第三人称的外部视角来理解现实。然而，在有限的科学和盲目的迷信之间，还存在着第三条路。

我们早已知道，这个世界上许多事物的表象是有欺骗性的，心智本身也不例外。然而，许多人发现，如果持续投入心智锻炼，我们看到的事物就会越来越接近它们真正的模样。某种意义上，这句话背后的科学还在摇篮期，但从另一个角度来看，它已经非常完善了。尽管我们才刚开始从大脑层面理解人类的心智，尽管我们对意识从何而来一无所知，但我们已经可以自信地说，通常意义上的自我是一个幻象。意识本身是可以分割的，正如我们在分裂脑案例中看到的。而即使是在一个完整的大脑里，意识也并不知道大脑里发生的大部分事情。所有塑造我们主体性的东西，我们的记忆、感情、语言能力，以及触发行为的想法和冲动，都有赖于整个大脑各个部分的不同进程。其中，有许多进程是可以被独立打断或终止的。因此，“我是一个单一主体”的感觉只是一个幻觉。通常意义上的自我，只是转瞬即逝的众多表象中的一个，而当我们寻找它的时候，它就会消失。我们不需要等实验室里的数据来告诉我们，自我超越是可能的。我们也不需要成为大师级人物才能体会心智锻炼的益处。每个人都完全有能力认识到思想的本质，并从自我的大梦中醒来，从而更好地为他人的福祉做出贡献。

心智锻炼始于对寻常万物的敬畏，而这份敬畏又会为你打开非同寻常的洞察和体验。谦卑与傲慢之间常见的对立在此不复存在。诚然，宇宙浩瀚无垠，似乎对我们这些凡人的事业漠不关心，但每一个当下的意识又都是深刻无边的。主观上来说，我们每一个人都在赐宇宙以意义。直接体验到这一点，而不只是思考它，就是心智提升的真正开端。

我们每时每刻都活在当下的现实中，而心智正是对当下现实最复杂最精细的表达。感受此刻身为你是一种什么样的体验，这是一件意义非凡的事。无论你曾犯过多少错误，在这个当下，你的内在有某种东西是一尘不染的，而只有你能认出它。

睁开双眼，看看吧！

A C K N O W L E D G E M E N T

致谢

我要特别感谢我的朋友：感谢杰夫·福里斯特（Jeff Forrester）、约瑟夫·戈德斯坦（Joseph Goldstein）、丹尼尔·戈尔曼（Daniel Goleman）和D.A.沃勒奇（D.A.Wallach）在阅读本书手稿之后给了我极有价值的反馈和鼓励。感谢安德烈斯·福萨斯（Andres Fossas）为本书提供了研究协助和宝贵意见。感谢我的审稿人玛莎·斯波尔丁（Martha Spaulding）的辛勤努力，你让整本书变得更加清晰明了。

本书中的部分内容，来自我在加州大学洛杉矶分校攻读跨学科神经科学博士时所写的论文。这些部分受益于博士论文委员会的指导，组成该委员会的老师有马克·科恩（Mark Cohen）、马尔科·亚科博尼（Marco Iacoboni）、埃兰·赛德尔（Eran Zaidel）、杰尔姆·皮特·恩格尔（Jerome Pete Engel）、保罗·丘奇兰德、丹尼尔·丹尼特、欧文·弗兰根（Owen Flangan）。史蒂芬·平克也阅读了早期的文稿，并给予了非常宝贵的反馈。

我刚开始写本书的时候，出版行业正进入一个动荡时期。很快，我在“自由出版社”认识的所有人，就被调到了母公司西蒙与舒斯特。前一家出版社里，至少有三个人值得我特别感谢：玛莎·莱文（Martha Levin）、多米尼克·安富索（Dominick Anfuso）、希拉里·雷德蒙（Hilary Redmon）。他们对本书的热情至今都鼓舞着我。

托马斯·勒宾（Thomas LeBien）在西蒙与舒斯特出版公司接手了这本书，他也是极其优秀的编辑。与他合作，是种享受。

我也想对我代理人的持续帮助表示由衷感谢：谢谢你们，约翰·布罗克曼（John Brockman）①、卡蒂娜·马特森（Katinka Matson）、马克斯·布罗克曼（Max Brockman）。

① 约翰·布罗克曼所编著的《那些最重要的科学新发现》汇集了史蒂芬·平克、贾雷德·戴蒙德、乔治·丘奇等来自不同领域共186位大家，每一位提出一个应该广为人知的科学新概念。该书于2021年9月由湛庐策划、中国纺织出版社出版有限公司。——编者注

对我所有的书而言，我母亲的意见都是举足轻重的，而在本书中，我欠她一个特别感谢。没有她的支持，就没有我二十几岁时在印度和尼泊尔度过的岁月，以及在全世界锻炼心智的机会。她同样也启发了我对书籍的喜爱，所以能够再送一本书给她，让我感到由衷的喜悦。

如书中所言，我非常幸运能够跟随许多老师学习，他们为我提供了至关重要的解答。我也受益于约瑟夫·戈德斯坦和莎伦·扎尔茨贝（Sharon Salzberg）多年来的友谊。

最后，我要把最深的谢意献给我的妻子，也是我最好的朋友，安娜卡（Annaka）。写作是孤独的旅程，但我极其幸运，我所爱的人也是一名编辑，并参与协作了我所有的项目。安娜卡不仅将我们的女儿们教育成了更富有同情心的孩子，不会在我的办公室大吵大闹，她还激发我产生了全新的思考，并润色了我的表达。没有她，就没有我今天的成就。

译者后记

这本书从被我们遇见，到被你遇见，时隔五年。

在这魔幻的五年间，作者不再是当初的作者，译者不再是当初的译者，连书（译稿），也经过多次编辑，不是当初那本书了。

这也正好应了书中反复传达的信息——无常，无我。

没有不变的主体性，只有不断升起灭去的想法和感受聚成的云。烟会消，云会散，才是生命的常态。

然而在这篇后记里，我想要提醒读者，就算“无我”是科学/哲学/灵性层面的洞见，但在日常人际交互的领域，拥有一个有喜好、有边界、且怒且悲的自我，是必要且健康的，并非时时需要被破除的执念。

许多人（包括我自己）之所以对身心灵相关理论感兴趣，恰是因为经历过关系里的创伤，譬如在原生家庭遭受过暴力或冷落，或是在恋爱中经历过痴迷或逃离。俗世里几乎人人都在带伤前行，一不小心就互相戳痛。在受伤的地方疗伤，太难了；转向更高维度寻找解释、宽慰和意义，似乎更轻松一点。于是，通过超越自我，感受宇宙无量之爱，我们得以舒缓下来。

这固然值得欣喜。但与此同时，“无我”的洞见，很可能会滑向“灵性逃避”——那些习惯于牺牲自己以换得群体归属的人，那些在爱情里低到尘埃里的人，本该学着坚定地主张边界、多“自私”一点，却很容易片面理解灵性教导，愈发让渡自己的利益、否认身而为人的欲望、抹杀再合理不过的需求。

我渐渐意识到，关系里的伤，不能通过逃避关系来疗愈。这也是为什么在独自冥想数年之后，如今的我更倾向于Circling（中文直译为“圈圈”）这种团体对话式冥想，一群人共同察觉当下，彼此互为镜像，照见自身盲点。在Circling里，毫不愧疚地优先照顾自己、发出不同声音，甚至与他人发生摩擦，都是把“我”变大的过程；而经由袒露真实自我建立起的深度联结，又让过去那个趋乐避苦、患得患失的“我”，在沉默中温柔地融化了。

或许更深层的真理存在于矛盾中——“我”不存在，“我”也可爱；“无我”能通向开悟，“自我”里也有佛。“我执”的危险并不在于“我”，而在于“执”。执着于“无我”，跟执着于“我”，又有什么区别呢？

另一名译者俞立颖（学霸猫）深谙此道。这五年来，她跳街舞、轻断食，近日又热衷于当时尚颜值博主，戏称自己的社群是霍格沃兹贵妇学院。她把“我”这副皮囊，打扮得妖娆美艳，借肉身游戏，与万物合一。问她有什么想在译后记里表达的，她只有一句话：

“那么，这本书出来了，该买个新的路易威登了。”

朱静姝

未来，属于终身学习者

我这辈子遇到的聪明人（来自各行各业的聪明人）没有不每天阅读的——没有，一个都没有。巴菲特读书之多，我读书之多，可能会让你感到吃惊。孩子们都笑话我。他们觉得我是一本长了两条腿的书。

——查理·芒格

互联网改变了信息连接的方式；指数型技术在迅速颠覆着现有的商业世界；人工智能已经开始抢占人类的工作岗位……

未来，到底需要什么样的人才？

改变命运唯一的策略是你要变成终身学习者。未来世界将不再需要单一的技能型人才，而是需要具备完善的知识结构、极强逻辑思考力和高感知力的复合型人才。优秀的人往往通过阅读建立足够强大的抽象思维能力，获得异于众人的思考和整合能力。未来，将属于终身学习者！而阅读必定和终身学习形影不离。

很多人读书，追求的是干货，寻求的是立刻行之有效的解决方案。其实这是一种留在舒适区的阅读方法。在这个充满不确定性的年代，答案不会简单地出现在书里，因为生活根本就没有标准确切的答案，你也不能期望过去的经验能解决未来的问题。

而真正的阅读，应该在书中与智者同行思考，借他们的视角看到世界的多元性，提出比答案更重要的好问题，在不确定的时代中领先起跑。

湛庐阅读 App：与最聪明的人共同进化

有人常常把成本支出的焦点放在书价上，把读完一本书当作阅读的终结。其实不然。

时间是读者付出的最大阅读成本

怎么读是读者面临的最大阅读障碍

“读书破万卷”不仅仅在“万”，更重要的是在“破”！

现在，我们构建了全新的“湛庐阅读”App。它将成为你“破万卷”的新居所。在这里：

- 不用考虑读什么，你可以便捷找到纸书、电子书、有声书和各种声音产品；
- 你可以学会怎么读，你将发现集泛读、通读、精读于一体的阅读解决方案；
- 你会与作者、译者、专家、推荐人和阅读教练相遇，他们是优质思想的发源地；
- 你会与优秀的读者和终身学习者为伍，他们对阅读和学习有着持久的热情和源源不绝的内驱力。

从单一到复合，从知道到精通，从理解到创造，湛庐希望建立一个“与最聪明的人共同进化”的社区，成为人类先进思想交汇的聚集地，与你共同迎接未来。

与此同时，我们希望能够重新定义你的学习场景，让你随时随地收获有内容、有价值的思想，通过阅读实现终身学习。这是我们的使命和价值。

CHEERS

本书阅读资料包

给你便捷、高效、全面的阅读体验

本书参考资料

湛庐独家策划

- ✔ 参考文献
  为了环保、节约纸张，部分图书的参考文献以电子版方式提供
- ✔ 主题书单
  编辑精心推荐的延伸阅读书单，助你开启主题式阅读
- ✔ 图片资料
  提供部分图片的高清彩色原版大图，方便保存和分享

相关阅读服务

终身学习者必备

- ✔ 电子书
  便捷、高效，方便检索，易于携带，随时更新
- ✔ 有声书
  保护视力，随时随地，有温度、有情感地听本书
- ✔ 精读班
  2~4周，最懂这本书的人带你读完、读懂、读透这本好书
- ✔ 课　程
  课程权威专家给你开书单，带你快速浏览一个领域的知识概貌
- ✔ 讲　书
  30分钟，大咖给你讲本书，让你挑书不费劲

湛庐编辑为你独家呈现
助你更好获得书里和书外的思想和智慧，请扫码查收！

（阅读资料包的内容因书而异，最终以湛庐阅读App页面为准）

著作权合同登记号：图字 01-2021-4298 号

图书在版编目（CIP）数据

“活在当下”指南 /（加）萨姆·哈里斯（Sam Harris）著；俞立颖，朱静姝译. --北京：中国纺织出版社有限公司，2021.11

书名原文：Waking Up

ISBN 978-7-5180-9184-3

Ⅰ.①活… Ⅱ.①萨… ②俞… ③朱… Ⅲ.①心理学—通俗读物 Ⅳ.①B84-49

中国版本图书馆CIP数据核字（2021）第244470号

责任编辑：刘桐妍　　责任校对：高　涵　　责任印制：储志伟

中国纺织出版社有限公司出版发行

地址：北京市朝阳区百子湾东里 A407 号楼　邮政编码：100124

销售电话：010—67004422　传真：010—87155801

http://www.c-textilep. com

中国纺织出版社天猫旗舰店

官方微博 http://weibo.com/2119887771

天津中印联印务有限公司印刷　各地新华书店经销

2021年11月第1版第1次印刷

开本：880×1230　1/32　印张：6.875

字数：141千字　定价：69.90元

凡购本书，如有缺页、倒页、脱页，由本社图书营销中心调换